信息安全产品技术丛书

下一代互联网
入侵防御产品原理与应用

丛书主编　顾　健

主编　顾建新　张　艳　沈　亮　陆　臻

电子工业出版社.

Publishing House of Electronics Industry

北京·BEIJING

内 容 简 介

本书内容共分为五章，从新一代入侵防御系统的技术发展背景和传统威胁防护方法的局限性入手，结合 IPv6 特性对下一代互联网入侵防御系统产品的产生需求、发展历程、实现原理、技术标准、应用场景和典型产品等内容进行了全面、翔实的介绍。

本书适合入侵防御系统产品的使用者（系统集成商、系统管理员）、产品研发人员及测试评价人员作为技术参考书，也可以供信息安全专业的学生及其他科研人员作为参考读物。

图书在版编目（CIP）数据

下一代互联网入侵防御产品原理与应用 / 顾建新等主编. —北京：电子工业出版社，2017.9
（信息安全产品技术丛书）
ISBN 978-7-121-32693-6

Ⅰ. ①下… Ⅱ. ①顾… Ⅲ. ①互联网络—安全技术 Ⅳ. ①TP393.408

中国版本图书馆 CIP 数据核字（2017）第 223293 号

策划编辑：李 洁
责任编辑：刘真平
印　　刷：北京七彩京通数码快印有限公司
装　　订：北京七彩京通数码快印有限公司
出版发行：电子工业出版社
　　　　　北京市海淀区万寿路 173 信箱　邮编：100036
开　　本：720×1 000　1/16　印张：12.5　字数：180 千字
版　　次：2017 年 9 月第 1 版
印　　次：2024 年 7 月第 5 次印刷
定　　价：49.00 元

凡所购买电子工业出版社图书有缺损问题，请向购买书店调换。若书店售缺，请与本社发行部联系，联系及邮购电话：（010）88254888，88258888。
质量投诉请发邮件至 zlts@phei.com.cn，盗版侵权举报请发邮件至 dbqq@phei.com.cn。
本书咨询联系方式：lijie@phei.com.cn。

<<<<< **PREFACE**

与防火墙、入侵检测系统等产品比较起来，入侵防御系统是一种能防御防火墙所不能防御的深层入侵威胁的在线部署网络安全产品，因此入侵防御系统被认为是防火墙之后的第二道安全闸门。

随着互联网技术的飞速发展，尤其是基于 IPv6 技术的下一代互联网技术的迅速发展，新型网络环境下的攻击事件孕育而生，抵御网络攻击、保护网络安全，对传统的网络安全产品提出了新的要求。

IPv6 的安全威胁与 IPv4 相比是完全不同的，安全性策略是一项很重要的基本组成部分，基于 IPv6 的入侵防御系统成为了众多安全策略中的一种非常重要的解决方案。为了适应下一代互联网的发展需求，以及更好地应对新一代威胁的挑战，入侵防御系统必须进行全新的设计以应对和适应下一代互联网的应用及安全需求，从数据包高速捕获、数据负载均衡、模式匹配、硬件设计、协议栈处理等方面优化对 IPv6 报文的处理性能，支持 IPv6/IPv4 双栈、纯 IPv6 等多种 IPv6 应用环境，并充分发挥 IPv6 的性能优势，适应未来网络带宽高速增长情况下的网络转发能力。

本书作为信息安全产品系列丛书之一，在下一代互联网入侵防御系统产品的发展历程、关键技术、实现原理、技术标准、典型应用等几大方面均进行了翔实的描述。与此同时，本书突出了下一代互联网 IPv6 的特性，收集了许多实际数据与案例，期望能够对读者了解入侵防御系统产品的安全防护技术和标准提供一定的帮助。

　　本书的主要编写成员均来自公安部计算机信息系统安全产品质量监督检验中心，常年从事入侵防御系统等信息安全产品的测评工作，对入侵防御系统有着深入的研究。本书的作者牵头组织和参与了下一代互联网入侵防御系统产品标准从规范、行标到国标制修订的全部工作。因此，本书在标准介绍和描述方面具有一定的权威性。

　　本书由顾健作为丛书主编负责把握全书技术方向，第 1 章主要由顾建新撰写，第 2 章主要由张艳、沈亮撰写，第 3 章主要由沈亮、陆臻撰写，第 4、5 章主要由顾建新、张艳撰写。此外，王志佳、俞优、杨元原等同志也参与了本书资料的收集和部分编写工作。由于编写人员水平有限和时间紧迫，本书不足之处在所难免，恳请各位专家和读者不吝批评指正。

　　本书的编写受到了国家发改委信息安全专项"下一代互联网信息安全专项标准研制"项目（发改高技〔2012〕1615 号）的资金支持。

　　本书在编写过程中，得到了华为技术有限公司、北京神州绿盟信息安全科技股份有限公司、东软集团股份有限公司、启明星辰信息技术有限公司、网神信息技术（北京）股份有限公司等的大力协助，在此表示衷心的感谢！

<<<<< CONTENTS

第1章 综　述

互联网正以惊人的速度改变着人们的生活方式和工作效率。从商业机构到个人都将越来越多地通过互联网处理银行事务、发送电子邮件、购物、炒股和办公。这无疑给社会、企业乃至个人带来前所未有的便利，所有这一切都得益于互联网的开放性和匿名性特征。然而，正是这些特征也决定了互联网不可避免地存在着信息安全隐患。网络安全所包含的范围很广：我们日常上网时碰到的邮件病毒、QQ 密码被盗，大一点的如一个企业或政府的网站被黑，数据内容被篡改，更大的乃至一个国家的国防、军事信息泄露或被截获等。所有这些都属于网络安全所研究讨论的范畴。

信息作为一种资源，它的普遍性、共享性、增值性、可处理性和多效用性，使其对于人类具有特别重要的意义。随着信息业的发展，信息安全也应运而生，信息安全的概念在 20 世纪经历了一个漫长的历史阶段，90 年代以来得到了深化。进入 21 世纪，随着信息技术的不断发展，信息安全问题也日显突出。如何确保信息系统的安全已成为全社会关注的问题。国际上对于信息安全的研究起步较早，投入力度大，已取得了许多成果，并得以推广应用。中国已有一批专门从事信息安全基础研究、技术开发与技术服务工作的研究机构与高科技企业，构成了中国信息安全产业的主要支柱。

1.1　网络信息安全背景

信息安全与技术的关系可以追溯到远古。埃及人在石碑上镌刻了令人费解的象形文字，斯巴达人使用一种称为密码棒的工具传达军事计划，罗马时代的凯撒大帝是使用加密函的古代将领之一，"凯撒密码"据传是古罗马凯撒大帝用来保护重要军情的加密系统，它是一种替代密码，通过将字母按顺序推后 3 位起到加密作用，如将字母 A 换作字母 D，将字母 B 换作字母 E。英国计算机科学之父阿兰·图灵在英国布莱切利庄园帮助破解了德国海军的 Enigma 密电码，改变了第二次世界大战的进程。美国 NIST 将信息安全控制分为三类：

（1）技术，包括产品和过程（如防火墙、防病毒、入侵检测、加密技术）。

（2）操作，主要包括加强机制和方法、纠正运行缺陷、各种威胁造成的运行缺陷、物理进入控制、备份能力、免于环境威胁的保护。

（3）管理，包括使用政策、员工培训、业务规划、基于信息安全的非技术领域。信息系统安全涉及政策法规、教育、管理标准、技术等方面，任何单一层次的安全措施都不能提供全方位的安全，安全问题应从系统工程的角度来考虑。

信息安全的实质就是要保护信息系统或信息网络中的信息资源免受各种类型的威胁、干扰和破坏，即保证信息的安全性。根据国际标准化组织的定义，信息安全性的含义主要是指信息的完整性、可用性、保密性和可靠性。信息安全是任何国家、政府、部门、行业都必须十分重视的问题，是一个不容忽视的国家安全战略。但是，对于不同的部门和行业来说，其对信息安全的要求和重点却是有区别的。

1. 网络安全威胁的类型

网络威胁是对网络安全缺陷的潜在利用，这些缺陷可能导致非授权访问、信息泄露、资源耗尽、资源被盗或者被破坏等。网络安全所面临的威胁可以来自很多方面，并且随着时间而变化。网络安全威胁的种类有：窃听、假冒、重放、流量分析、数据完整性破坏、拒绝服务、资源的非授权使用等。

2．网络安全机制应具有的功能

采取措施对网络信息加以保护，以使受到攻击的威胁减到最小是必需的。一个网络安全系统应有如下的功能：身份识别、存取权限控制、数字签名、保护数据完整性、审计追踪、密钥管理等。

3．网络信息安全常用技术

通常保障网络信息安全的方法有两大类：以防火墙（Firewall）技术为代表的被动防卫型和建立在数据加密、用户授权确认机制上的开放型网络安全保障技术。

1）防火墙技术

防火墙安全保障技术主要是为了保护与互联网相连的企业内部网络或单独节点。它具有简单实用的特点，并且透明度高，可以在不修改原有网络应用系统的情况下达到一定的安全要求。防火墙一方面通过检查、分析、过滤从内部网流出的 IP 包，尽可能地对外部网络屏蔽被保护网络或节点的信息、结构，另一方面对内屏蔽外部某些危险地址，实现对内部网络的保护。

实现防火墙的技术包括四大类：网络级防火墙（也叫包过滤防火墙）、应用级网关、电路级网关和规则检查防火墙。

（1）网络级防火墙

一般是基于源地址和目的地址、应用或协议以及每个 IP 包的端口来做出通过与否的判断。一个路由器便是一个"传统"的网络级防火墙，大多数的路由器都能通过检查这些信息来决定是否将所收到的包转发，但它不能判断出一个 IP 包来自何方，去向何处。

先进的网络级防火墙可以判断这一点，它可以提供内部信息以说明所通过的连接状态和一些数据流的内容，把判断的信息同规则表进行比较，在规则表中定义了各种规则来表明是否同意或拒绝包的通过。网络级防火墙检查每一条规则直至发现包中的信息与某规则相符，如果没有一条规则能符合，防火墙就会使用默认规则，一般情况下，默认规则就是要求防火墙丢弃该包；其次，通过定义基于 TCP 或 UDP 数据包的端口号，防火墙能够判断是否允许建立特定的连接，如 Telnet、FTP 连接。

（2）应用级网关

应用级网关能够检查进出的数据包，通过网关复制传递数据，防止在受信任服务器和客户机与不受信任的主机间直接建立联系。应用级网关能够理解应用层上的协议，能够做复杂一些的访问控制，并做精细的注册和稽核。但每一种协议需要相应的代理软件，使用时工作量大，效率不如网络级防火墙。

应用级网关有较好的访问控制，是目前最安全的防火墙技术，但实现困难，而且有的应用级网关缺乏"透明度"。在实际使用中，用户在受信任的网络上通过防火墙访问 Internet 时，经常会发现存在延迟并且必须进行多次登录才能访问 Internet 或 Intranet。

（3）电路级网关

电路级网关用来监控受信任的客户或服务器与不受信任的主机间的 TCP 握手信息，这样来决定该会话（Session）是否合法，电路级网关是在 OSI 模型中的会话层上来过滤数据包，这样比包过滤防火墙要高二层。

实际上电路级网关并非作为一个独立的产品存在，它与其他的应用级网关结合在一起，如 Trust Information Systems 公司的 Gauntlet Internet Firewall、DEC 公司的 Alta Vista Firewall 等产品。另外，电路级网关还提供一个重要的安全功能：代理服务器（Proxy Server）。代理服务器是个防火墙，在其上运行一个叫作"地址转移"的进程，将所有内部的 IP 地址映射到一个"安全"的 IP 地址，这个地址是由防火墙使用的。但是，作为电路级网关也存在着一些缺陷，因为该网关是在会话层工作的，它无法检查应用层级的数据包。

(4) 规则检查防火墙

该防火墙结合了包过滤防火墙、电路级网关和应用级网关的特点。它同包过滤防火墙一样，能够在 OSI 网络层上通过 IP 地址和端口号过滤进出的数据包。它也像电路级网关一样，能够检查 SYN、ACK 标记和序列数字是否逻辑有序。当然它也像应用级网关一样，可以在 OSI 应用层上检查数据包的内容，查看这些内容是否能符合受保护网络的安全规则。

2) 数据加密与用户授权访问控制技术

与防火墙相比，数据加密与用户授权访问控制技术比较灵活，更加适用于开放的网络。用户授权访问控制主要用于对静态信息的保护，需要系统级别的支持，一般在操作系统中实现。

数据加密主要用于对动态信息的保护。对动态数据的攻击分为主动攻击和被动攻击。对于主动攻击，虽无法避免，但却可以有效地检测；而对于被动攻击，虽无法检测，但却可以避免，实现这一切的基础就是数据加密。数据加密实质上是对以符号为基础的数据进行移位和置换的变换算法，这种变换是受"密钥"控制的。在传统的加密算法中，加密密钥与解密密钥是相同的，或者可以由其中一个推知另一个，称为"对称密钥算法"。这样的密钥必须秘密保管，只能为授权用户所知，授权用户既可以用该密钥加密信息，也可以用该密钥解密信息。DES 是对称加密算法中最具代表性的算法。如果加密/解密过程各有不相干的密钥，构成加密/解密的密钥对，则称这种加密算法为"非对称加密算法"或"公钥加密算法"，相应的加密/解密密钥分别称为"公钥"和"私钥"。在公钥加密算法中，公钥是公开的，任何人都可以用公钥加密信息，再将密文发送给私钥拥有者。私钥是保密的，用于解密其接收的公钥加密过的信息，典型的公钥加密算法如 RSA 是目前使用比较广泛的加密算法。

3）入侵检测技术

入侵检测技术是指"通过对行为、安全日志、审计数据、其他网络上可以获得的信息进行操作，检测到对系统的闯入或闯入的企图"。入侵检测是检测和响应计算机误用的学科，其作用包括威慑、检测、响应、损失情况评估、攻击预测和起诉支持。入侵检测系统（Intrusion Detection System，IDS）是可以对计算机和网络资源的恶意使用行为进行识别的系统，包括系统外部的入侵和内部用户的非授权行为，是为保证计算机系统的安全而设计与配置的一种能够及时发现并报告系统中未授权或异常现象的技术，是一种用于检测计算机网络中违反安全策略行为的技术，能够实现入侵检测的软件与硬件的组合便是入侵检测系统。

4）防病毒技术

随着计算机技术的不断发展，计算机病毒变得越来越复杂和高级，对计算机信息系统构成极大的威胁。在病毒防范中普遍使用的防病毒软件，从功能上可以分为网络防病毒软件和单机防病毒软件两大类。单机防病毒软件一般安装在单台 PC 上，即对本地和本地工作站连接的远程资源采用分析扫描的方式检测、清除病毒。网络防病毒软件则主要注重网络防病毒，一旦病毒入侵网络或者从网络向其他资源传染，网络防病毒软件会立刻检测到并加以删除。

在计算机网络系统中，绝对的安全是不存在的，制定健全的安全管理体制是计算机网络安全的重要保证，应通过网络管理人员与使用人员的共同努力，运用一切可以使用的工具和技术，尽一切可能去控制、减少一切非法的行为，尽可能地把不安全的因素降到最低。同时，要不断加强计算机信息网络的安全规范化管理力度，大力加强安全技术建设，强化使用人员和管理人员的安全防范意识。网络内使用的 IP 地址作为一种资源以前一直为某些管理人员所忽略，为了更好地进行安全管理工作，应该对本网内的 IP 地址资源统一管理、统一分配。对于盗用 IP 资源的用户必须依据管理制度严肃处理。只有共同努力，才能使计算机网络的安全可靠得到保障，从而使广大网络用户的利益得到保障。

随着网络的发展、技术的进步，网络安全面临的挑战也在增大。一方面，对网络的攻击方式层出不穷，攻击方式的增加意味着对网络威胁的增大。另一方面，网络应用范围的不断扩大，使人们对网络依赖的程度增大，对网络的破坏造成的损失和混乱会比以往任何时候都大。这对网络信息安全保护提出了更高的要求，也使网络信息安全学科的地位越发显得重要，网络信息安全必然随着网络应用的发展而不断发展。

1.2　入侵防御的必要性

1.2.1　典型的黑客攻击过程

现在，黑客攻击事件频发，对于网络安全管理人员来说，成功防御的基础就是要了解"敌人"，就像防御工事必须进行总体规划一样，网络安全管理人员必须了解黑客的工具和技术，并利用这些知识来设计应对各种攻击的网络防御框架。不管是信息篡改、大流量攻击还是信息窃取，黑客对目标系统实施攻击的流程大致相同，主要包含五个步骤：搜索、扫描、获得权限、保持连接、消除痕迹。

（1）搜索

搜索可能是耗费时间最长的阶段，有时可能会持续几个星期甚至几个月。黑客会利用各种渠道尽可能多地了解企业类型和工作模式，包括互联网搜索、社会工程、垃圾数据搜寻、域名管理/搜索服务、非侵入性的网络扫描等。

这些类型的活动由于处于搜索阶段，所以属于很难防范的。很多公司提供的信息都很容易在网络上找到，员工也往往会受到欺骗而无意中提供了相应的信息，随着时间的推移，公司的组织结构及潜在的漏洞就会被发现，整个黑客攻击的准备过程就逐渐完成了。不过，这里也提供了一些你可以选择的保护措施，可以让黑客攻击的准备工作变得更加困难，主要是确保系统勿将信息泄露到网络上，包括软件版本和补丁级别、电子邮件地址、关键人员的姓名和职务，确保纸质信息得到妥善处理，接受域名注册查询时提供通用的联系信息，禁止对来自周边局域网/广域网设备的扫描企图进行回应。

（2）扫描

一旦攻击者对公司网络的具体情况有了足够的了解，就会开始对周边和内部网络设备进行扫描，以寻找潜在的漏洞，包括：开放的端口和应用服务、包括操作系统在内的应用漏洞、保护性较差的数据传输、每一台局域网/广域网设备的品牌和型号。

在扫描周边和内部设备的时候，网络入侵检测/防御系统可以发挥有效的报警/阻断作用，但某些资深的老牌黑客有可能绕过这些防护措施。为了更好地抵御黑客扫描，网络安全管理员应关闭所有不必要的端口和服务；对于关键设备或处理敏感信息的设备，只容许响应经过核准设备的请求；加强管理系统的控制，禁止直接访问外部服务器，在特殊情况下需要访问时，也应该在访问控制列表中进行端到端连接的控制；确保局域网/广域网系统及端点的补丁级别是足够安全的。

（3）获得权限

攻击者获得了连接的权限就意味着实际攻击已经开始。通常情况下，攻击者选择的目标是可以为攻击者提供有用信息，或者可以作为攻击其他目标的起点。在这两种情况下，攻击者都必须取得一台或多台网络设备某种类型的访问权限。

（4）保持连接

为了保证攻击的顺利完成，攻击者必须保持连接的时间足够长，虽然攻击者能够到达这一阶段意味着已经成功地规避了系统的安全控制措施，但对于入侵检测/防御设备来说，除了对入侵行为进行检测报警外，还可以进行有效的阻断拦截，主要包括：

> 对通过外部网站或内部设备传输的文件内容进行检测和过滤；
> 对利用未受到控制的连接到服务器或者网络上的会话进行检测和阻止；
> 寻找连接到多个端口或非标准的协议；
> 寻找不符合常规的连接参数和内容；
> 检测异常网络或服务器的行为，特别需要关注的是时间间隔等参数。

（5）消除痕迹

在实现攻击的目的后，攻击者通常会采取各种措施来隐藏入侵的痕迹并为今后可能的访问留下控制权限。因此，关注反恶意软件、个人防火墙和基于主机的入侵检测解决方案，禁止商业用户使用本地系统管理员的权限访问台式机，在任何不寻常活动出现时发出警告，所有这一切操作的制定都依赖于安全管理员对整个网络系统情况的了解。

1.2.2 主动防御的必要性

随着网络的发展，网络安全的需求越来越高。虽然防火墙保持了基于策略的第一道防线的角色，但是网络应用更多的转变为 Web 2.0 技术，传统的被动入侵检测方式已经无法满足现在的防御需求，因此需要网络安全系统的攻击检测能力聚焦在内容上，进一步实现对网络入侵行为的主动防御。

网络安全主动防御技术就是在增强和保证本地网络安全性的同时，及时发现正在进行的网络攻击，预测和识别未知攻击，并采取各种措施使攻击者不能达到其目的所使用的各种方法与技术。主动防御是一种前摄性防御，由于一些防御措施的实施，使攻击者无法完成对目标的攻击，或者使系统能够在无须人为被动响应的情况下预防安全事件。主动防御一直是这几年网络安全防护技术的研究重心。

　　随着网络攻击技术的不断发展，网络攻击呈现出了一些新的趋势。网络攻击自动化，由于大量的网络自动化攻击工具的出现，网络攻击的技术门槛大大降低，现在的网络攻击不再是技术手段高明的黑客们的专利，而是变得越来越平民化；网络攻击智能化，攻击工具编写者采用了比以前更加先进的技术，越来越难以通过基于特征码的检测系统发现攻击行为，有许多攻击行为都利用了传统防护技术的固有弱点，体现出了很高的智能性；攻击手段多样化，新的攻击手段被不断地开发利用，利用漏洞进行的网络攻击更是层出不穷，只要有漏洞被发现，就会出现相应的攻击方法，随着漏洞不断地被发现，网络攻击也会相应地增加。

　　主动防御主要是针对传统的被动防御而言的，传统的网络安全防御技术主要是采用诸如防火墙、入侵检测、防病毒网关、漏洞扫描、灾难恢复等手段，它们都存在一些共同的缺点。一是防护能力是静态的，传统防御完全依靠网络管理员对设备的人工配置来实现，难以应对当前越来越多的、技术手段越来越高的网络入侵事件；二是防护具有很大的被动性，采用传统的防御技术只能被动地接受入侵者的每一次攻击，而不能对入侵者实施任何影响；三是不能识别新的网络攻击，传统防御技术大多依靠基于特征库的检测技术，这就使网络防御始终落后于网络攻击，难以从根本上解决网络安全问题。

　　主动防御技术作为一种新的对抗网络攻击的技术，它采用了完全不同于传统防御手段的防御思想和技术，克服了传统被动防御的不足。主动防御技术的优势主要体现在以下几个方面：一是主动防御可以预测未来的攻击形势，检测未知的攻击，从根本上改变以往防御落后于攻击的不利局面；二是具有自学习的功能，可以实现对网络安全防御系统进行动态的加固；三是主动防御系统能够对网络进行监控，对检测到的网络攻击进行实时响应。这种响应包括牵制和转移黑客的攻击，对黑客入侵方法进行技术分析，对网络入侵进行取证，对入侵者进行跟踪甚至进行反击等。

　　主动防御不仅仅是一种技术，而是由多种能够实现网络安全主动防御功能的技术所组成的一个技术体系，并且通过合理运用这些技术，把它们有机地结合起来，相互协调、相互补充，最终实现完备的网络安全保护。主动防御是在保证和增强基本网络安全的基础之上实施的，以传统网络安全保护为前提，除了包含传统的防护技术和检测技术以外，还包括入侵预测技术和入侵响应技术等。

基本的防护是实施主动防御的基础，在此基础上，检测和预测又为响应提供保障，响应是主动防御的主要体现，通过对安全事件的主动响应，可以促进检测与预测技术的发展，并且能够将响应结果反馈给防护系统，实现整个主动防御体系防护能力的动态增强。

防护技术是主动防御技术体系的基础，与传统防御基本相同，主要包括边界控制、身份认证、病毒网关和漏洞扫描等。最主要的防护措施包括：防火墙、VPN 等。其中，防火墙技术是网络安全采用最早也是目前使用最为广泛的技术，它将网络威胁阻挡在网络入口处，保证了内网的安全。而以 VPN 为代表的加密认证技术则将非法用户拒之门外，并将发送的数据加密，避免在途中被监听、修改或破坏。在主动防御体系中，防护技术通过与检测技术、预测技术和响应技术的协调配合，使系统防护始终处于一种动态的进化当中，实现对系统防护策略的自动配置，系统的防护水平会不断地得到加强。

在主动防御中，检测是预测的基础，是响应的前提条件，是在系统防护基础上对网络攻击和入侵的后验感知，检测技术起着承前启后的作用。目前，入侵检测技术主要包括两类：一是基于异常的检测方法，这种检测方法是根据是否存在异常行为来达到检测目的的，所以它能有效地检测出未知的入侵行为，漏报率较低，但是由于难以准确地定义正常的操作特征，所以导致误报率很高；二是基于误用的检测方法，这种检测方法的缺点是依赖于特征库，只能检测出已知的入侵行为，不能检测未知攻击，导致漏报率较高，但误报率较低。

对网络入侵的预测功能是主动防御区别于传统防御的一个明显特征。入侵预测体现了主动防御的重要特点：在网络攻击发生前预测攻击信息，取得系统防护的主动权。这是一个新的网络安全研究领域，与后验的检测不同，入侵预测在攻击发生前预测将要发生的入侵和安全趋势，为信息系统的防护和响应提供线索，争取宝贵的响应时间。

目前，对于入侵预测主要有两种不同的方法。一是基于安全事件的预测方法，根据入侵事件发生的历史规律性，预测将来一段时间的安全趋势，它能够对中长期的安全趋势和已知攻击进行预测；二是基于流量检测的预测方法，它根据攻击的发生或发展对网络流量的统计特征的影响来预测攻击的发生和发展趋势，它能够对短期安全趋势和未知攻击进行预测。

对网络入侵进行实时响应是主动防御与传统防御的本质区别。入侵响应是主动防御技术在网络入侵防护中主动性的具体体现，用来对检测到的入侵事件进行处理，并将处理结果返回给系统，从而进一步提高系统的防护能力，或者对入侵行为实施主动的影响。主要的入侵响应技术有以下几种：

（1）入侵追踪技术

入侵追踪技术是确定攻击源精确位置或近似区域的技术，在受保护网络中重建攻击者的攻击路径。研究较多的主要包括入口过滤技术、链路测试技术、路由器日志技术、ICMP 回溯技术和包标记技术等。

（2）攻击吸收与转移技术

特殊情况下，如果在检测到攻击发生时直接切断连接，就不能进一步观察攻击者的后续动作，这对收集攻击的信息不利。攻击吸收和转移技术能在秒级时间将攻击包吸收到诱骗系统，这样既可以在不切断与攻击者连接的同时保护主机服务，又可以对入侵行为进行研究。

（3）蜜罐技术

蜜罐技术是一种具有主动性的入侵响应技术，它通过设置一个与应用系统类似的操作环境，诱骗攻击者，记录入侵过程、及时获取攻击信息，对攻击进行深入分析，提取入侵特征。它提供了一种动态识别未知攻击的方法，将捕获的未知攻击信息反馈给防护系统，实现防护能力的动态提升。

（4）取证技术

取证技术是借助法律手段来解决网络安全问题的基础。通过对网络入侵行为进行记录和还原，借助法律的威慑力来对入侵者施加压力，致使入侵者不敢轻易进行入侵。取证技术的难点是如何保证电子证据的完整性，使其具有法律效力。

（5）自动反击技术

自动反击技术是最具主动性的响应技术，它通过建立入侵反击行为库来实现对网络入侵行为的自动反击。入侵反击也是最具危险性的，因为必须要保证反击对象的正确性，这是建立在对入侵者准确定位的基础之上的，而对原始入侵者的准确定位也是比较难的。

1.2.3 入侵防御过程

对攻击的防御方案可以分为以下几个级别：

（1）传统方案

第一个级别是传统地使用防火墙进行安全防护，如图 1-1 所示。

图 1-1 传统防御方案拓扑图

防火墙串联在内部网络和外部网络之前，提供访问控制、区域隔离、NAT

等网络层安全功能，防火墙作为网络安全的一道基础闸门，对防御黑客发挥了底层的功能，但随着攻击层次越来越高，超过 70%的应用层攻击防火墙无法拦截，防火墙在应用层乃至更高的"内容层"的防范表现出明显的局限性。

（2）联动方案

第二个级别是使用入侵检测系统和防火墙进行联动，如图 1-2 所示。

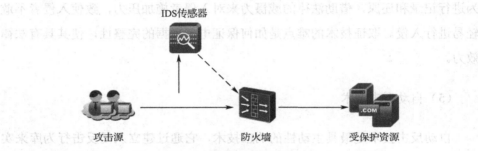

图 1-2　联动防御方案拓扑图

通过部署 IDS，可以有效地检测和告警入侵事件，但由于 IDS 传感器是旁路部署设备，具备无法阻断无连接攻击、阻断有连接攻击存在滞后性等缺点。通过和防火墙联动，在检测出攻击时，入侵检测产品将攻击源的信息反馈给防火墙，防火墙将攻击者的地址添加到黑名单中，动态生成新的规则，以防止后续攻击，使防护和监控能够互联互动。

使用防火墙和 IDS 联动在很大程度上提高了网络的安全性，具备从网络层到应用层的全面安全检测和防御能力，但是仍然存在着缺陷，主要有以下两点：

➤ 防火墙和IDS联动没有标准的协议，联动协议基本都是厂家的私有协议，开发性和兼容性不够好；
➤ 联动方案仍然存在滞后性，存在着攻击提前放行的情景。

（3）IPS 方案

第三个级别是 IPS 在线部署方案，如图 1-3 所示。

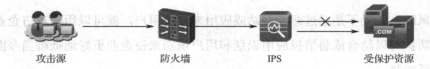

攻击源　　　　　　防火墙　　　　　　　IPS　　　　　　受保护资源

图 1-3　IPS 防御方案拓扑图

IPS 设备串接部署在网络系统中，对网络流量进行深度检测分析，检查确认其中不包含异常活动或可疑内容后，再通过另外一个端口将它传送到内部系统中。这样一来，有问题的数据包，以及所有来自同一数据流的后续攻击数据包，都能在 IPS 设备中被清洗掉。IPS 是目前最先进的入侵防御方案，可以做到实时检测、实时清洗、实时防御，能够真正做到"防御在入侵那一刻"。

1.2.4　入侵防御系统的优势

入侵防御系统（Intrusion Prevention System，IPS）产品发展到今天，在信息安全中已经有了明显的特点和优势，主要体现在如下几个方面。

（1）更细粒度的应用控制

过去，传统网络防护采用 all-or-nothing 方式来阻断高危事件。随着应用和 Web 技术的功能变化，这种方式不再有效。

现在很多信息技术已经不再使用标准的服务端口，如 HTTP 的端口 80、HTTPS 的端口 443，单纯依靠端口来阻止已经达不到效果了。因为今天的网络太多的内容是以应用为中心，网络防御必须了解特定的应用程序的行为、用户如何与应用程序进行交互，才能定义和执行相应的安全政策。这就要求网络防御必须依靠多种来源的情报：特定的应用意识、用户权限和活动、访问连接、违反政策的行为或可疑的异常行为等。

例如，外部或第三方社交应用程序可以接受市场营销或公共关系人员的访问，通过一个单独的账户，高度特权访问敏感资产时，可能会带来如侵犯知识产权或对关键基础设施的控制风险。这样的应用有时会向恶意用户公开内容而带来风险，如果不是通过恶意网站或应用来攻击用户，就可以用来攻击企业。网络防护可以结合威胁情报应用识别和用户识别来使企业更好地抵御当今面临的广泛威胁。

（2）出方向和入方向

来自外部的威胁并不是企业面临的唯一风险，企业还必须处理来源于企业内部各分支机构的风险。

即使合法的网站和应用也经常有漏洞，这会被攻击者利用做成恶意的程序诱导用户，导致用户高价值信息被窃取，或利用他们的访问证书；准许连接到合法网站和应用会导致违反安全或监管策略的个人共享敏感数据，这样的共享虽可能不是故意的，但敏感信息无意中就可能已经被泄露，事实上，这也是更常见的一种风险。

应用识别对于抵御更多网络安全的出口控制风险可能有更大的价值。例如，P2P 和聊天应用软件（如 Skype 或即时消息）可能会被授权用于商业目的，但是这些使用应用传输文件进出企业系统，网络防护就需要具备应用识别来控制这些应用的能力。

（3）进一步整合安全情报

前面的例子说明整合处理网络安全问题的具体类型有着很大的价值，随着数据集成和分析技术的出现，整合各类信息对下一代网络防护将发挥越来越大的作用。

现在许多企业认识到需要在网络安全措施上使用更多的技巧。企业不单只是聚焦在检测和阻止进入网络的内容，就好像大学，不应该只满足一种需求，更应该鼓励发展新的自由探索。对于同一个网站，计算机科学家可能使用得很好，安全意识比较强，而普通学生访问同样的网站，则有可能会带来风险。对诸如此类的访问行为需要有效地区分出来，才能更好地提供防护效果。

移动设备使用日益增多，给移动环境下的防护也带来了挑战，针对移动智能终端的无线应用已成为下一代网络防护的另一个趋势。

在医疗领域，企业越来越意识到自己被暴露于未经授权的访问所带来的风险。外部风险包括从试图窃取或利用个人健康和财务记录的敏感信息，到控制关系生命安全的关键系统。内部风险包括 IT 资源在授权和未经授权的当事人之间的滥用，尤其在医疗保健系统可以广泛地接触到患者、访客、服务提供商，如支付清算网络或其他第三方因素等。

许多技术还很新，对可能会带来哪些风险还尚未了解清楚，但这正是下一代网络安全防御措施的工作内容。应通过更细粒度的控制应用和技术，为下一代网络提高安全防御措施、降低威胁风险。

1.3　入侵防御系统的相关概念

1.3.1　入侵防御系统的分类

入侵防御系统按照检测数据的采集来源可以分为网络入侵防御系统和主机入侵防御系统；按照实现技术可以分为特征检测和异常检测。

网络入侵防御系统作为网络之间或网络组成部分之间的独立硬件设备，通过对过往数据包进行深层检查，然后确定是否放行。网络入侵防御系统借助攻击特征和异常协议，阻止有害代码传播。网络入侵防御系统还能够对可疑代码的回答进行跟踪和标记，然后看谁使用这些回答信息而请求连接，这样就能更好地确认发生了入侵事件。主机入侵防御 IPS 系统通过监视正常程序，如 Internet Explorer、Outlook 等，在它们（确切地说，其实是它们所夹带的有害代码）向作业系统发出请求指令，改写系统文件，建立对外连接时，进行有效阻止，它不需要求助于已知病毒特征和事先设定的安全规则；主机入侵防御系统能使大部分钻空子行为无法得逞。主机入侵防御系统一般是基于代理的，即需要在被保护的系统上安装一个程序，用于保护关键应用的服务器，提供对典型应用的监视。

特征检测的原理是假设入侵活动可以用一些特征来表示，系统的目标是检测主体活动是否符合这些特征模式；特征检测的优点是可以准确检测出已有的攻击行为，缺点是对新的攻击行为无能为力；特征检测最常用的方法是模式匹配。异常检测（也有文献称误用检测）的原理是假设入侵活动异常于主体的正常活动，先建立主体正常活动的轨迹，将待检测主体的活动状况与正常活动轨迹做比较，如果违反正常活动轨迹，则认为该活动可能是攻击行为，即如果不符合"正常"则认为是"异常"；异常检测的难度在于如何建立正常活动轨迹；异常检测的优点在于可以发现未知攻击行为，缺点是常常会误报。

1.3.2　入侵防御系统的主要功能

（1）实时监视和拦截攻击

实时主动拦截黑客攻击、蠕虫、网络病毒、后门木马、DoS 等恶意流量，保护企业信息系统和网络结构免受侵害，防止操作系统和应用程序损坏或宕机。

（2）虚拟补丁

基础系统漏洞主要指的是操作系统的基本服务或主流服务器软件的漏洞。只有特定纹路的钥匙才能打开一个锁，只有特定"特征"的攻击才能攻陷一个漏洞。采用基于漏洞存在检测技术的引擎，通过检测攻击的特征，能够有效地对抗经过特殊设计的躲避技术，做到"零"误报，从而达到给受保护的操作系统和服务器软件安装"虚拟补丁"的效果。

（3）保护客户端

现今主流的攻击很多是面向客户端程序的，浏览器、可编辑文档、多媒体是重中之重，客户端防护的薄弱使大量的 PC 被黑客控制成为僵尸，PC 上的重要信息（银行账户、网络密码等）也被窃取。引擎根据协议与文件格式来做深入解析，可以检测被编码或压缩的内容，如 GZIP、UTF 等；解析过程中，自动跳过与威胁无关的部分，为用户提供浏览器及其插件（Java、ActiveX 等）的安全防护，检测 PDF、Word、Flash、AVI 等文件中的攻击代码和可能的木马、蠕虫及对操作系统的攻击，保障 Web 浏览和应用的安全。

（4）协议异常检测

黑客通常利用网络上很多应用服务器设计中的不完善、对协议中的异常情况考虑不足的弱点对服务器加以攻击。通过向服务器发送非标准或者缓冲区溢出的通信数据，进而夺取服务器控制权或者造成服务器宕机。协议解析引擎对网络报文进行深度协议分析，对于那些违背 RFC 规定的行为，或者对于明显过长的字段、明显不合理的协议交互顺序、异常的应用协议的各个参数等信息进行识别。协议异常检测覆盖的协议有：HTTP、SMTP、FTP、POP3、IMAP4、MSRPC、NETBIOS、SMB、MS_SQL、TELNET、IRC、DNS 等 30 多种常用协议；同时，引擎把内容层面如 XML 页面和 PDF 文件等也看作一种"协议"，如果遇到异常的文件结构，也会认为是一种协议异常，通过这种方法，分析出潜藏在文件内容中的缓冲区异常攻击或者脚本攻击等入侵行为。

（5）Web 应用防护

相比传统被动的基于静态签名的防病毒和入侵防御技术，入侵防御系统产品采用了积极的安全模式来确保执行正确的应用行为，不靠攻击特征符或模式匹配技术就能识别"好"的应用行为，并阻止任何背离了正确应用活动的恶意行为，能够在威胁到达终端之前就采取拦截动作。网络智能防护的核心是一个多层次的安全引擎，分析威胁从网络到达最终用户计算机的整个过程，具备深层次的协议和隧道的分析能力，使得它能够在复杂的 Web 2.0 的交互中检测威胁。

（6）流量安全防护

入侵防御系统应具备从网络层到应用层的 DDoS 攻击检测能力，可以在拒绝攻击发生或短时间内大规模爆发的病毒导致网络流量激增时，能自动发现并检测异常流量，提醒管理员即时应对，保护路由器、交换机、VoIP 系统、DNS、Web 服务器等网络基础设施免遭各种拒绝服务攻击，保证关键业务的通畅。

（7）应用识别和控制

入侵防御系统能全面监测和管理 IM 即时通信、网络游戏、在线视频及在线炒股等网络行为，协助企业辨识和限制非授权网络行为，更好地执行企业的安全策略，保障员工的工作效率，采用细致带宽分配策略限制 P2P、在线视频、大文件下载等不良应用所占用的带宽，保障 OA、ERP 等办公应用获得足够的带宽支持，提升上网速度。

（8）IPv6 及隧道检测

入侵防御系统同时支持 IPv6/IPv4 双栈的漏洞防护，支持 IPv6、IPv6 over IPv4、IPv6 和 IPv4 混合网络的应用层攻击防护，以及 DDoS 流量异常攻击防护，能够完全适应 IPv6 环境及过渡期网络环境。同时，系统还支持对 VLAN 802.1Q、MPLS、IPSec 及 GRE 等隧道的流量分析和处理，能够对流量进行识别并且解析出内层报文进行检测，从而适应各种复杂的网络。

（9）策略管理

入侵防御系统采用灵活的策略配置和管理方式，内置多种威胁防护策略模板，可以适用于大多数用户常见场景。各种功能的策略可以任意组合并且结合流量包过滤条件，可以对网络流量检测和控制进行细粒度的配置。

对于发现的攻击，系统提供多种响应方式供用户选择，如 Syslog 日志、SNMP Trap 告警、即时阻断会话、IP 地址隔离、和防火墙进行联动、攻击报文抓取回放以及声音、邮件、短信告警的方式。

（10）知识库和引擎升级

入侵防御系统可以即时升级，实时捕获最新的攻击、蠕虫病毒、木马等，提取威胁的签名，发现威胁的趋势。能够在最短时间内获取最新的签名，及时升级检测引擎，从而具备防御零日攻击的能力。

签名库定期升级，特殊情况下可即时进行升级。为满足设备在各种应用环境下的灵活部署，支持多种升级方式。

自动定时升级：不需要用户干预操作，适用于能连接到升级服务器的设备。如果需要确认新下载的签名库是否安全可用，可以采用确认机制，定时下载新版本，确认后再应用。

实时升级：更新及时，能第一时间对新产生的攻击进行防御。即当有新版本发布，但未到自动升级时间的情况，可以手工进行定时升级，优点是实时性高，且能立刻知道升级结果。

本地升级：当设备无法与升级服务器建立连接或者需要将版本回退到较早之前的一个版本时，可采用本地升级，人工从升级网站下载最新的特征库文件，然后将这个文件导入到设备并加载，将版本切换到本地升级指定的版本。

版本回退：可回退到上一个正常应用的版本。如果发现当前版本可能误报率较高、检测率较低或者有其他不合理的因素，可将版本回退到上一个正常应用的版本。

内网升级：一些大的企业可能购置多台入侵防御系统，严格的网络管理策略要求这些设备不直接和互联网相连，或者不允许每台设备独立连接升级服务器进行升级。这时，可以采用内网升级方案。

（11）设备集中管理环境

随着设备的逐渐增多，安全管理的复杂性大大增加，设备的集中管理软件为用户提供设备集中配置管理的功能，能够全面实现安全策略的配置和用户业务的管理，减轻用户的维护工作量，保障用户投资。集中管理软件采用 B/S 架构，在控制台通过浏览器进行访问，支持多用户同时操作，能适应复杂、大型网络的管理需求，采用图形化的配置、维护界面，可以通过直观的 Web 配置界面完成对大部分设备的业务配置。

软件的集中管理功能主要体现在设备管理、故障监控、策略管理、系统监控及日志和报表管理等几个方面。

集中管理软件可自动识别设备类型和型号，同时对全网所有设备进行管理，完成设备的差异性适配，自动获取设备的实体数据，包括机框、单板、电源、风扇、端口、温度、CPU 占用率、内存占用率等，支持实体数据的刷新和实体状态的监控，确保维护人员对设备状态一目了然。支持设备的单点配置，将设备内嵌的 Web 配置集成到集中管理软件界面，用户单击进行连接。

（12）故障监控

集中管理软件可以对网络中的异常运行情况进行实时监视，通过告警统计、定位、提示、重定义、告警远程通知等手段，便于网络管理员及时采取措施，恢复网络正常运行，对于管理员已经处理过的告警可以进行标识，便于区分。

系统提供浏览告警信息、告警查询功能，并且可以将常用查询条件保存为告警查询模板。针对大量的告警信息，系统支持按照设置的统计条件（告警名称、告警级别、告警功能分类、告警发生时间、告警状态等）对告警信息进行统计，使用户可以快速了解告警发生的情况。

　　为了避免大量的冗余信息，集中管理软件上支持设置告警屏蔽功能，根据设置的屏蔽条件，可以对不重要的告警进行屏蔽，既不显示，也不保存。

　　（13）策略管理

　　集中管理软件需要从全局角度对所有设备实现集中管理、集中制定安全策略，当分支机构较多时，可以采用统一的安全策略和统一监控，避免下属机构各自定制安全策略，引发网络混乱。用户只需要一次性定义一条策略，然后将其部署到多台设备中。对于设备升级的场景，集中管理环境支持集中部署在线升级策略，并且可以进行全网设备的集中本地升级。

　　系统提供设备策略发现功能，可以将现有设备的配置发现用管理软件进行管理；提供策略部署成功、失败、审计不一致、设备命令变更的状态，对设备配置现状一目了然。

　　用户的管理域和权限管理对于安全管理是至关重要的，入侵防御集中管理软件除了预置常用的管理员、操作员、审计员用户组外，还支持用户根据实际情况创建自己需要的用户组并设置相应的管理和操作权限。根据用户的权限，在操作界面上，不可管理的设备和界面区域是不可见的，从而实现用户的分级管理，保证安全性。

　　（14）系统监控

　　入侵防御集中管理软件的系统管理功能主要是对管理软件本身的系统进行维护和管理，而不是对设备的管理。除了对软件自身的安全操作事件进行监控外，还包括日志管理、数据库管理、通信参数管理等内容。系统监控的功能需要能够监控系统或进程的启动/停止服务，进行通信模式设置，提供工具实现自身的进程、内存占用率、CPU 使用率、硬盘空间情况监控，一旦超过设置的阈值，即可产生告警。

为保证数据安全，应定期进行数据库的备份。入侵防御系统的数据库备份管理系统提供统一的数据库备份与恢复工具，以减轻网管维护数据库的难度。集中管理软件支持数据库的转储功能，转储数据库中的数据包括操作日志、安全日志、告警数据、事件数据及多种性能事件。用户可以选择启动手工转储，或者设置溢出转储或周期转储的方式。

（15）日志和报表

作为安全产品，日志和报表的展现具有重要的用户价值，通过日志和报表，用户可以及时掌握网络状况，对网络的流量和安全情况有整体的认识，能够对不正常的行为进行审计和分析，并且可以依据已知的信息对受保护的系统进行安全加固，以及对网络的安全策略不断调整优化。

入侵防御集中管理软件提供丰富的报表功能。预置的综合报表包含了大多数用户需要重点关注的信息内容，针对不同设备的网络流量、应用协议分布、漏洞和流量威胁发生的情况进行分析，并从多个维度分析关键事件的 TOP 排名，多种形式的图表相结合，给用户最直观的感受。除了预置的综合报表，系统还提供用户灵活的制定报表方式，选择多个报表子项进行组合，可以定时生成日报、周报和年报，并且可以用邮件方式发送给用户，生成可编辑的报表格式，用户可以根据需要对报表内容和格式进行再次编辑。

入侵防御集中管理软件提供多维度的日志查询系统，用户可以以不同的组合条件对日志进行过滤查询，便于在海量数据中寻找需要的关键信息。

1.4　入侵防御系统的发展历程

入侵防御系统是近几年网络安全业内比较热门的一个词，这种既能及时发现又能实时阻断各种入侵行为的安全产品，自面世那天起，就受到各大安全厂商和用户的广泛关注。在谈入侵防御系统的历程前，我们应该先了解入侵检测系统的发展史。

1.4.1　入侵检测系统的发展

入侵检测（Intrusion Detection Systems，IDS）是检测和响应计算机误用的学科，其作用包括威慑、检测、响应、损失情况评估、攻击预测和起诉支持。专业上讲就是依照一定的安全策略，对网络、系统的运行状况进行监视，尽可能发现各种攻击企图、攻击行为或者攻击结果，以保证网络系统资源的机密性、完整性和可用性。

IDS 的起源：

（1）1980 年，James P.Anderson 在给美国军方写的一份题为《计算机安全威胁监控与监视》（*Computer Security Threat Monitoring and Surveillance*）的技术报告中，第一次详细阐述了入侵检测的概念。他提出了一种对计算机系统风险和威胁的分类方法，并将威胁分为外部渗透、内部渗透和不法行为三种，还提出了利用审计跟踪数据监视入侵活动的思想。

（2）1984—1986 年，乔治敦大学的 Dorothy Denning 和 SRI 公司计算机科学实验室的 Peter Neumann 研究出了一个实时入侵检测系统模型——IDES（Intrusion Detection Expert Systems，入侵检测专家系统），这是第一个在一个应用中运用了统计和基于规则两种技术的系统，是入侵检测研究中最有影响的一个系统。

（3）1989 年，加州大学戴维斯分校的 Todd Heberlein 写了一篇论文 *A Network Security Monitor*，该监控器用于捕获 TCP/IP 分组，第一次直接将网络流作为审计数据来源，因而可以在不将审计数据转换成统一格式的情况下监控异种主机，网络入侵检测从此诞生。

（4）1990 年，加州大学戴维斯分校的 L.T.Heberlein 等人开发出了 NSM（Network Security Monitor）系统，该系统第一次直接将网络流作为审计数据来源，因而可以在不将审计数据转换成统一格式的情况下监控异种主机。入侵检测系统发展史翻开了新的一页，两大阵营正式形成：基于网络的 IDS 和基于主机的 IDS。

（5）1988 年之后，美国开展对分布式入侵检测系统（DIDS）的研究，将基于主机和基于网络的检测方法集成到一起。DIDS 是分布式入侵检测系统历史上的一个里程碑式的产品。

（6）从 20 世纪 90 年代到现在，入侵检测系统的研发呈现出百家争鸣的繁荣局面，并在智能化和分布式两个方向取得了长足的进展。

1.4.2 入侵防御系统的发展

入侵防御系统（IPS）是在入侵检测系统（IDS）的基础上发展而来的，补充了 IDS 不能实时阻断攻击的缺陷。然而有人认为，有了 IPS 就可以替代以前的 IDS 系统，这也正是 Gartner 在 2003 年发表那篇著名的 *IDS is dead* 的理由。

从入侵防御系统的起源来看，这个"升级说"似乎有些道理：Network ICE 公司在 2000 年首次提出了 IPS 这个概念，并于同年的 9 月 18 日推出了 BlackICE Guard，这是一个串行部署的 IDS，直接分析网络数据并实时对恶意数据进行丢弃处理。但这种概念一直受到质疑，自 2002 年 IPS 概念传入国内起，IPS 这个新型的产品形态就不断地受到挑战，而且各大安全厂商、客户都没有表现出对 IPS 的兴趣，普遍的一个观点是：在 IDS 基础上发展起来的 IPS 产品，在没能解决 IDS 固有问题的前提下，是无法得到推广应用的。

这个固有问题就是"误报"和"漏报"，先介绍一下入侵检测技术相关的这两个重要概念。误报是指一个正常的网络报文、流量、行为被识别成了一种网络攻击、一种网络威胁，这是一种错误的告警；漏报是指一个真正的网络威胁、网络攻击没有被入侵检测系统检测出来，没有触发告警。这两个指标有时候是相互矛盾的，为了降低误报率，入侵检测系统会更严格地识别攻击特征，确认是攻击后再报警；而这样，有些变形的攻击，或相关的新攻击手法就可能逃避检测，进而提升了漏报率。为了降低漏报率，入侵检测系统会识别关键攻击特征，放宽其他条件，这样简单的变形、攻击工具修改、简单的躲避手段都可能会产生告警，就有可能产生误报，提升误报率。

IDS 的用户常常会有这种苦恼：IDS 产品管理界面上充斥着大量的报警信息，经过安全专家分析后，被告知这是误警。但在 IDS 旁路检测的部署形式下，这些误警对正常业务不会造成影响，仅需要花费资源去做人工分析。而串行部署的 IPS 就完全不一样了，一旦出现了误报或漏报，触发了主动的阻断响应，用户的正常业务就有可能受到影响，这是所有用户都不愿意看到和接受的。正是这个原因，导致了 IPS 概念在 2005 年之前的国内市场表现平淡。

随着时间的推移，自 2006 年起，大量的国外厂商的 IPS 产品进入国内市场，各本土厂商和用户都开始重新关注起 IPS 这一并不新鲜的"新"概念。

我们先来看 IPS 的产生原因：

（1）串行部署的防火墙可以拦截低层攻击行为，但对应用层的深层攻击行为无能为力。

（2）旁路部署的 IDS 可以及时发现那些穿透防火墙的深层攻击行为，作为防火墙的有益补充，但很可惜的是无法实时阻断。

（3）IDS 和防火墙联动：通过 IDS 来发现，通过防火墙来阻断。但由于迄今为止没有统一的接口规范，加上越来越频发的"瞬间攻击"（一个会话就可以达成攻击效果，如 SQL 注入、溢出攻击等），使得 IDS 与防火墙联动在实际应用中的效果不显著。

这就是 IPS 产品的起源：一种能防御防火墙所不能防御的深层入侵威胁（入侵检测技术）的在线部署（防火墙方式）安全产品。

而为什么会有这种需求呢?是由于用户发现了一些无法控制的入侵威胁行

为，这也正是 IDS 的作用。入侵检测系统（IDS）对那些异常的、可能是入侵行为的数据进行检测和报警，告知使用者网络中的实时状况，并提供相应的解决、处理方法，是一种侧重于风险管理的安全产品。入侵防御系统（IPS）对那些被明确判断为攻击行为，会对网络、数据造成危害的恶意行为进行检测和防御，降低或减免使用者对异常状况的处理资源开销，是一种侧重于风险控制的安全产品。

这也解释了 IDS 和 IPS 的关系，并非取代和互斥，而是相互协作：没有部署 IDS 的时候，只能是凭感觉判断，应该在什么地方部署什么样的安全产品；通过 IDS 的广泛部署，了解了网络的当前实时状况，据此状况可进一步判断应该在何处部署何类安全产品（IPS 等）。

IPS 经过多年的发展，在降低误阻断的基础上，一直在持续提供针对各种攻击类型的检测和阻断能力，同时也在不断提升设备的性能，以满足使用者对高性能设备和安全防护的需求。

1.4.3　下一代互联网的防护需求

2011 年 2 月 3 日，ICANN（互联网名称与编号分配机构）宣布全球互联网 IP 地址已于当天分配完毕，IP 地址总库正式宣告枯竭。这意味着互联网要继续发展，必将面临一场全球范围内的变革，而事实上，下一代互联网的浪潮已经在全球蔓延。

下一代互联网技术的变革，必将对现有架构、应用及相关产业产生深远的影响，与下一代互联网配套的软、硬件都将面临一次新的变革，它将给很多企业带来新的市场机会，也有可能打破现有的互联网产业格局。显然，信息安全产业也不例外。有句话说："互联网的未来在于 IPv6"，的确，作为下一代互联网架构的核心，IPv6（互联网协议第六版）有很多优点，但基础架构的变化对基于 IPv4 构建信息安全体系的挑战是前所未有的，因此，在信息安全技术领域保持领先的技术研究和快速转变，对于整个信息安全产业的发展至关重要。

作为下一代互联网的技术核心，IPv6 从一诞生就备受关注，但由于互联网基础设施的变革需要巨大的投入，因此 IPv6 网络的建设是一个漫长的过程。然而，随着 IPv4 地址的枯竭，IPv6 近年来在全球越来越受到重视，越来越多的国家都将 IPv6 网络的建设上升到国家战略的高度，由政府推动制定时间表加快建设。

通过各国的努力，目前 IPv6 技术和标准已经相对成熟，多个国家组建了多个规模不等的 IPv6 试验网，网络设备基本成熟，业务应用取得了一些进展。

在我国，IPv6 的相关研究和建设工作早已开展。2003 年 8 月，由国家发展和改革委员会主导，中国工程院、科技部、教育部、中科院等八部委联合启动中国下一代互联网示范工程（CNGI），被看作是我国 IPv6 网络建设进入实质性发展阶段的标志。如今，我国已建成的基于 IPv6 网络地址的大规模下一代互联网示范网络包括 6 个主干网、2 个国际交流中心以及全国 100 所高校、100 个科研单位、70 多个企业的驻地网。

2011 年 12 月 23 日，国务院总理温家宝主持召开国务院常务会议，研究部署加快发展我国下一代互联网产业。会议明确了今后一个时期我国发展下一代互联网的路线图和主要目标：2013 年年底前，开展国际 IPv6 网络小规模商用试点，形成成熟的商业模式和技术演进路线；2014—2015 年，开展大规模部署和商用，实现国际互联网协议第 4 版与第 6 版主流业务互通。

下一代互联网将以 IPv6 为核心建设，而 IPv6 产业涉及网络及安全设备、终端设备、软件、操作系统、芯片等多个环节，任一环节存在短板，都可能使整体产业发展受阻。作为 IPv6 网络基础设施建设的排头兵，网络设备的成熟商用是必须先行的。目前，在思科、Juniper、华为等国内外厂商的努力下，用于 IPv6 骨干网的核心路由器、交换设备已趋于成熟。

　　可以理解的是，信息安全设备尤其是像入侵防御一样的应用层检测设备，在 IPv6 环境下不仅要面临网络层设计的变革，也需要适用应用协议新的变化，所以，信息安全设备在 IPv6 环境下研发和部署的难度会比网络设备高，是造成信息安全设备发展滞后于网络设备的根本原因。因此，在下一代互联网的发展过程中，信息安全产品需要找准定位，不断调整产业技术方向，不仅需要在 IPv4 到 IPv6 的长期转变过程中发挥作用，也要将来更好地为纯 IPv6 网络服务，在此期间，下一代互联网的建设将可能对信息安全产业的模式产生革命性影响。在国内，下一代互联网网络已经在教育、电信等行业大规模展开商用，IPS 在已经满足当前 IPv4 防护需求的基础上，需继续研究 IPv6 标准，综合考虑下一代互联网的安全防护需求，提供 IPv6 环境下可商用的入侵防御系统。产品必须全部符合 IPv6 基本协议的 RFC 相关标准，能够实现 IPv6 与 IPv4 的网络互通，并具备 IPv6 环境下的基础报文过滤及入侵检测与防护功能。相对于网络设备来说，入侵防御系统在 IPv6 环境下除了要实现互联互通外，还要实现更为复杂的安全分析功能，满足下一代互联网部署的安全防护需要，这给 IPS 防护带来了新的挑战。

　　同时，运营商、政务数据中心及高校等走在 IPv6 前端的网络流量均较大，尤其是骨干节点上。大型网络承载大量基础数据，业务处理繁忙，恶意攻击流量往往混杂在正常的流量之中，需要通过有效合理的设计充分发挥硬件和软件的最佳性能，满足大流量、大并发环境下的安全保障要求，适应安全攻击手段的不断变化，同时确保系统的扩展性能够满足用户业务发展的需要。

　　入侵检测的技术发展也是攻防激烈对抗的技术，相关的攻击技术和检测技术都在互相博弈、不断发展。攻击方力求躲避检测，越隐蔽越好，所以针对不同的系统、应用、版本出现了层出不穷的攻击方法和攻击手段，而且相关的躲避检测的技术也在不断涌现；入侵检测技术力求检测更多的攻击，针锋相对地应用各种不同的新技术、新算法及躲避检测技术进行对抗。

　　目前入侵防御系统存在两大问题：一是误阻断，继入侵检测系统后误告问题依然是入侵防御系统面临的重要问题；二是网络延迟性，入侵防御系统在网络部署上是在线部署模式，所以网络的延迟性是困扰入侵防御系统前进的第二个难题，尤其在 IPv6 这样网速更快的环境下。

明确了入侵防御系统当前存在的两个重大问题后，我们可以想象未来入侵防御系统的发展趋势，那就是不断地完善可以精确阻断的攻击种类和类型，增加对下一代互联网环境下的安全防护支持，并在此基础上继续提升 IPS 产品的设备处理性能。

第2章　入侵防御系统原理与技术

2.1　入侵防御系统原理

2.1.1　入侵防御系统总体架构

典型的入侵防御系统产品的系统总体结构如图 2-1 所示。

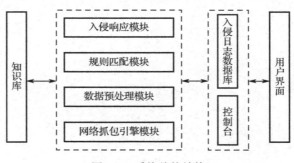

图 2-1　系统总体结构

（1）网络抓包引擎模块。网络抓包引擎模块可以捕获监听网络中的原始数据包，作为入侵防御系统分析的数据来源。

（2）数据预处理模块。数据预处理模块主要是对数据报文进行协议解析及标准化，包括 IP 碎片重组、TCP 流重组、HTTP、Unicode、RPC、Telnet 解码等功能。经过数据预处理模块处理之后提取相关信息，并将处理后的报文交给规则匹配模块处理。

（3）规则匹配模块。规则匹配模块对协议解码模块提交的数据，运用匹配算法和规则库中的规则进行比较分析，从而判断是否有入侵行为。

（4）控制台是引擎和外部指令交互的窗口，主要接收外部的指令执行相关操作。

（5）入侵日志数据库的作用是用来存储网络数据引擎模块捕获的原始数据，分析模块产生的分析结果和入侵相应模块日志等，提供大量的日志存储及为威胁报表生成提供依据。

（6）用户界面是用户和入侵防御系统互动的直接窗口，界面提供可视化的威胁分析、系统状态显示、用户指令输入接口等功能，以 Web 方式提供给客户使用。

2.1.2　入侵防御系统原理概述

防火墙是实施访问控制策略的系统，对流经的网络流量进行检查，拦截不符合安全策略的数据包。入侵检测系统（IDS）通过监视网络或系统资源，寻找违反安全策略的行为或攻击迹象，并发出报警。传统的防火墙旨在拒绝那些明显可疑的网络流量，但仍然允许某些流量通过，因此防火墙对于很多入侵攻击仍然无计可施。绝大多数 IDS 系统都是被动的，也就是说，在攻击实际发生之前，它们往往无法预先发出警报。而入侵防御系统（IPS）则倾向于提供主动防护，其设计宗旨是预先对入侵活动和攻击性网络流量进行拦截，避免其造成损失，而不是简单地在恶意流量传送时或传送后才发出警报。IPS 是通过直接嵌入到网络流量中实现这一功能的，即通过一个网络端口接收来自外部系统的流量，经过检查确认其中不包含异常活动或可疑内容后，再通过另外一个端口将它传送到内部系统中。这样一来，有问题的数据包，以及所有来自同一数据流的后续数据包，都能在 IPS 设备中被清除掉。IPS 入侵防御系统工作原理如图 2-2 所示。

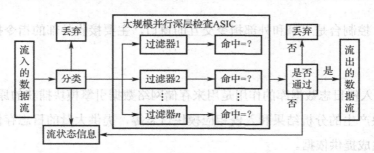

图 2-2　入侵防御系统工作原理图

IPS 实现实时检查和阻止入侵的原理在于 IPS 拥有数目众多的过滤器，能够防止各种攻击。当新的攻击手段被发现之后，IPS 就会创建一个新的过滤器。IPS 数据包处理引擎是专业化定制的集成电路，可以深层检查数据包的内容。如果有攻击者利用 Layer 2（介质访问控制）～Layer 7（应用）的漏洞发起攻击，IPS 能够从数据流中检查出这些攻击并加以阻止。传统的防火墙只能对 Layer 3 或 Layer 4 进行检查，不能检测应用层的内容。防火墙的包过滤技术不会针对每一字节进行检查，因而也就无法发现攻击活动，而 IPS 可以做到逐字节地检查数据包。所有流经 IPS 的数据包都被分类，分类的依据是数据包中的报头信息，如源 IP 地址和目的 IP 地址、端口号和应用域。每种过滤器负责分析相对应的数据包。通过检查的数据包可以继续前进，包含恶意内容的数据包就会被丢弃，被怀疑的数据包需要接受进一步的检查。

针对不同的攻击行为，IPS 需要不同的过滤器。每种过滤器都设有相应的过滤规则，为了确保准确性，这些规则的定义非常广泛。在对传输内容进行分类时，过滤引擎还需要参照数据包的信息参数，并将其解析至一个有意义的域中进行上下文分析，以提高过滤准确性。

过滤器引擎集合了流水和大规模并行处理硬件，能够同时执行数千次的数据包过滤检查。并行过滤处理可以确保数据包能够不间断地快速通过系统，不会对速度造成影响。这种硬件加速技术对于 IPS 具有重要意义，因为传统的软件解决方案必须串行进行过滤检查，会导致系统性能大打折扣。

2.1.3　NGIPS 内网安全检测

新一代入侵防御系统，即 NGIPS，其概念最早由著名咨询机构 Gartner 提出，目的就是为了帮助客户更好地应对新一代威胁的挑战。概念得到了国际一线 IPS 厂商的认同，包括 McAfee、HP、IBM 和 Cisco 等。现今这些厂商的 IPS 产品均已发展成为 NGIPS。根据 Gartner 的材料，新一代 IPS 应该具备以下几方面的关键功能：

（1）标准第一代 IPS 功能：主要是提供面对漏洞或者攻击的签名。通过在线部署方式，可以线速检测和拦截相应的威胁流量。

（2）应用感知能力：它可以识别应用，可以在应用层执行强制安全策略，而不是仅仅在端口、协议和服务的层面。这方面也包括了识别恶意应用程序的功能。

（3）环境感知能力：用以完善 IPS 做出阻截决定或者建立隔离规则的信息来源，包括：使用 AD 集成获得用户的身份信息，利用漏洞状态和地理环境定位信息来做出更有效的报警及阻截策略。环境感知能力也包括集成信誉系统利用安全情报数据进行防御。

（4）内容感知能力：可以检查进出网络的可执行文件和其他类型文件，如 PDF 和 Microsoft Office 文件等，也可以包括流量中的敏感数据（如银行卡号码、个人身份信息等）。

（5）敏捷引擎：它具备平滑的升级以获得新的威胁信息及检测技术的能力，以应对未来的威胁。例如，APT 攻击中会经常与外界命令控制服务器通信，NGIPS 针对这种新的威胁，就要及时提供"检查到出站通信"，通过源地址、目的地址、协议及有效荷载来识别恶意或可疑通信的能力。

下一代入侵防御系统功能结构如图 2-3 所示。

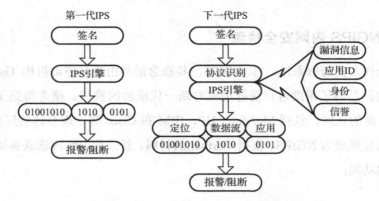

图 2-3　下一代入侵防御系统功能结构

下面几个应用场景，就是利用 NGIPS 在内网安全检测中发挥的作用。

控制隐秘信道通信：这其中包括命令控制通道、HTTP 隧道通信等多种用户不期望出现的网络通信。NGIPS 提供多种途径来实现这一功能，可以通过信誉系统、对恶意软件网络流量特征的识别、对命令控制通道流量的特征识别等多种方式来检测。另一种方式是建立应用访问的安全策略，通过分析违反策略的可疑流量来发现这种通信流量。

保护敏感数据及文件：通过 NGIPS 进行策略配置，控制从内网传送到外部的文件类型，如特殊的图纸格式或 Office 文档等。也可以限制流量中传输的敏感数据类型，如信用卡号码、身份证信息及电话号码等，即使它们被隐藏在压缩过的文件内。

服务器异常外联检测：服务器正常情况下主动外联活动有限，异常外联往往是被攻击者控制后的进一步渗透活动的表现。NGIPS 通过自动学习或管理员自定义建立服务器外联策略，发现异常活动可及时发出警报。

内网安全检测也许是当今最具挑战的话题，企业最重要的业务资产集中在这里，同时也是攻击者的焦点所在。当前的内网检测技术及产品相较之前有了很大的进步，但是面对新一代威胁，更需要一个持续改进的过程。利用 NGIPS 监控出局流量发现内部攻击的事件线索，根据业务特点建立基于异常的网络安全监控体系，是现阶段非常有必要采取的措施。

2.2　入侵防御系统技术详解

入侵防御系统是能够识别对计算机或者网络资源的恶意企图和行为，并对这些网络提供实时的入侵检测及采取相应防护的一种积极主动的入侵防护、阻止系统。它搜集网络上的数据流量信息，并根据这些信息进行统计、识别，再基于这些统计、识别的内容采取相应的防护手段。目前，基于统计和识别网络上异常流量的技术手段主要有基于特征的异常检测和基于行为的异常检测。

1）基于特征的异常检测

基于特征的异常检测是根据已经定义好的攻击特征描述，对网络上的数据流量信息进行分析，当收集的信息与该攻击特征描述相符合时，则认为发生了入侵行为。该方法是目前主流的实现手段，检测率高，安全模型比较容易建立。

2）基于行为的异常检测

基于行为的异常检测，其前提是入侵活动发生时，其行为活动与正常的网络活动存在异常，因此根据这个理念需要建立一个正常活动行为的模型，当发生的行为与该模型规律相反时，则认为是入侵活动。该方法能检测出未知攻击，但基于行为的异常检测模型难以建立，需要有相关经验的人来制定，是未来发展的一个方向。

2.2.1　原始数据包分析

入侵防御系统一般是作为一个独立的个体部署在被保护网络的"出入口"位置上，它通过使用原始的网络数据报文作为攻击分析的数据源。

入侵防御系统在线连接在需要检测的网络链路中，对接口上接收到的网络数据包，首先分析链路层、网络层、传输层及应用层协议，根据不同的协议类型检测特征值，同时判断是否为异常协议类型。然后将每一个数据包与模式匹配规则库中的规则或建立好的安全模型进行匹配，判断该数据包是否为攻击数据包，如果为攻击数据包则将该数据包丢弃，否则进行 2.2.2 节中的重组（重组后进行更深层次的检测），同时转发该数据包。

不同的协议类型匹配不同的检测特征或者安全模型，也就意味着入侵防御系统中会包含不同协议类型的"过滤器"，通过层层过滤进行攻击检测，并加以阻止。因此，入侵防御系统首先需要做的就是对数据包进行解析，基本过程如图 2-4 所示。

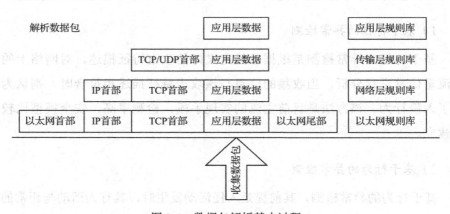

图 2-4　数据包解析基本过程

注：规则库中可能包含有基于行为的安全模型。

收包时，通过网卡驱动程序收集网络上的数据包。数据收取上来后，进入入侵防御系统的解码器，解码器首先根据以太网首部中的"上层"协议字段确定该数据包的有效负载，确定获得的是 IP、ARP 还是 RARP 数据包，然后交给相应协议解码器进行下一层解码。

以 IP 数据包为例，IP 协议解码器解析 IP 首部内容，确定从首部中获得的"上层协议"是 TCP、UDP、ICMP 还是 IGMP，然后再根据不同的协议选择解码器。如果是 TCP 协议，则解析 TCP 协议首部内容，并根据 TCP 首部中端口、协议识别等，确定应用层数据是什么协议，再解析应用层协议的数据。

在进行解析的同时，也会根据不同的协议，选择不同的规则库和安全模型，对这些数据包进行"过滤"，确定该数据包是否阻断或者转发。

在解析数据包时，由于以太网中数据的最大长度是确定的，所以 IP 数据包会进行分片，并且大部分应用使用 TCP 或 UDP 进行传输时，会将数据包分成多个数据包，而且由于网络传输时的路径延时等原因，数据包到达的时间可能不一致，因此入侵防御系统还需要按照特定顺序对数据包的内容进行重组，还原应用层数据。

2.2.2 IP 分片重组技术

IP 分片是网络上传输 IP 报文的一种技术手段。IP 协议在传输数据包时，将数据报文分为若干分片进行传输，并在目标系统中进行重组，这一过程称为分片（fragmentation）。

IP 首部报文长度字段是 16 位，因而可以支持 IP 数据包传输的最大长度是65536 字节，但每一种物理网络都会规定链路层数据帧的最大长度，称为链路层MTU（Maximum Transmission Unit，一般是 1500 字节）。任何时候 IP 层接收到一份要发送的 IP 数据包时，都要判断向本地哪个接口发送数据（选路），并查询该接口获得其 MTU。IP 把 MTU 与数据包长度进行比较，如果需要则进行分片。分片可以发生在原始发送端主机上，也可以发生在中间路由器上。这些因素都导致了 IP 报文长度不能超过 MTU（1500 字节），UDP 不能超过 1472 字节，TCP 不能超过 1460 字节。

IP 数据示意图如图 2-5 所示。

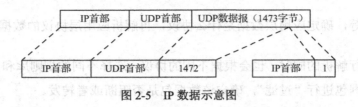

图 2-5　IP 数据示意图

IP 首部中与分片相关的字段如下：

标识（identification）字段，占 16 位，它是一个计数器，用来产生数据包的标识，一个 IP 地址在每发送一个 IP 报文时标志位是上一个报文标志位加一，来自同一个 IP 报文的分片具有相同的 ID。

标志（flag）占 32 位，目前只有前两位有意义。标志字段的最低位是 MF（More Fragment）。MF=1 表示后面"还有分片"，MF=0 表示最后一个分片。标志字段中间的一位是 DF（Don't Fragment），只有当 DF=0 时才允许分片。

片偏移（12 位）指出较长的分组在分片后某片在原分组中的相对位置，片偏移以 8 字节为偏移单位。

如图 2-6 所示，对于长度超过 1500 字节的 IP 报文，IP 层会将其分片即分成若干长度不超过 1500 字节的 IP 报文（分片）传送。从源报文的 UDP 头部开始将源报文数据段按 1480 字节为单位依次分片，直到最后凑不够 1480 字节时为最后一片。每一分片的段偏移为该片第一个 8 字节在源 IP 报文数据段中以 8 字节为单位的偏移。这些分片中只有第一个分片具有源报文的 UDP 头部，其余报文的 IP 数据字段为源报文的用户数据。所有分片 IP 头部与源 IP 报文一样。

攻击者通过分片的方式，将带有攻击内容的数据包分片后进行传输，通过不同的路由选择等方式可以达到"绕过"的效果。分片对入侵防护系统的检测增加了难度，也是目前攻击者"绕过"攻击的普遍手段。因此，攻击者利用 IP 分片的原理，往往会使用分片数据包转发工具如 Fragroute，将攻击请求分成若干 IP 分片包发送给目标主机；目标主机接收到分片包以后，进行分片重组还原出真正的请求。分片攻击包括：分片覆盖、分片重写、分片超时和针对网络拓扑的分片技术（如使用小的 TTL）等。

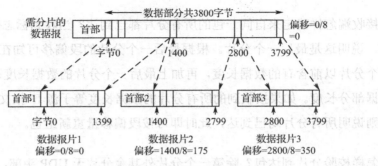

图 2-6 IP 分片示意图

所以入侵防御系统需要在内存中缓存分片，模拟目标主机对网络上传输的分片包进行重组，还原出真正的请求内容，然后再进行分析，如图 2-7 所示。

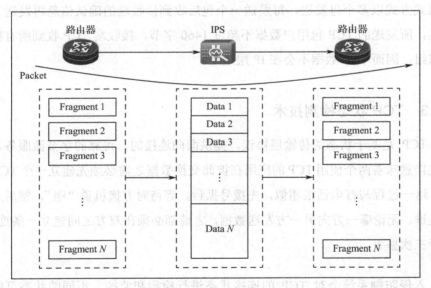

图 2-7 IPS 分片重组示意图

进行重组时，其重组原理与分片相反。怎样确定一个包是否为一个分片？如果一个包的段偏移为 0 而 frag 字段不为 1，则该报文必定不是一个分片。

对于接收到的无序分片，怎样确定哪些分片来自同一个包？来自同一个包的分片具有相同的源 IP 及 ID 号。

接收端怎样确定来自同一包的所有分片都已到达？当收到标志位为 0 的分片时，说明这是最后一个分片。根据最后一个分片的段偏移可知在源报文中最后一个分片以前含有的数据长度，再加上最后一个分片的数据长度即为原 IP 报文数据部分长度。如果接收到的所有分片的数据长度等于源 IP 报文数据部分长度，则说明所有分片均已到达，此时即可按段偏移量重新组包。

怎样校验分片到达包？除第一个分片外其余分片无 UDP 头部，因而对每个分片校验不方便，可以再重组所有分片后构建 UDP 伪头部校验。

由于 TCP 是面向连接的可靠传输协议，发送端 TCP 会将过大的数据采用按序流式方式以多个包发送，每发送一个包后收到接收端的确认信息再发送下一个包，所发送的 TCP 包用户数据不超过 1460 字节，接收端 TCP 收到所有数据后重组，因而 TCP 数据不会在 IP 层重组。

2.2.3　TCP 状态检测技术

TCP 是基于状态的传输层协议，提供面向连接的、可靠的字节流服务。面向连接意味着两个使用 TCP 的应用在彼此交换数据之前必须先建立一个 TCP 连接，这一过程与打电话很相似，先拨号振铃，等待对方摘机说"喂"，然后才说明是谁。无论哪一方向另一方发送数据，之前都必须在双方之间建立一条连接，进行三次握手。

入侵防御系统会对 TCP 的连接状态进行检测和监控，不同的状态可能存在不同的攻击方式，同时还会对应用内容进行数据采集和特征检测，如图 2-8 所示。

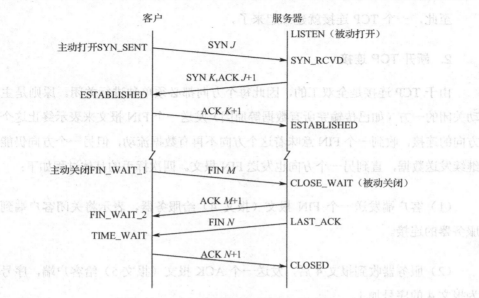

图 2-8　TCP 连接建立和关闭的状态变化

图 2-8 中包含了 TCP 三次握手的过程，以及入侵防御系统采集 TCP 传输的数据内容的过程，采集数据包时，会对这些内容进行重组，详见 2.2.4 节。

1．建立 TCP 连接

在 TCP/IP 协议中，由于 TCP 协议提供可靠的连接服务，于是采用有保障的三次握手方式来创建一个 TCP 连接。三次握手的具体过程如下：

（1）客户端发送一个带 SYN 标志的 TCP 报文（报文 1）到服务器，表示希望建立一个 TCP 连接。

（2）服务器发送一个带 ACK 标志和 SYN 标志的 TCP 报文（报文 2）给客户端，ACK 用于对报文 1 的回应，SYN 用于询问客户端是否准备好进行数据传输。

（3）客户端发送一个带 ACK 标志的 TCP 报文（报文 3），作为对报文 2 的回应。

至此，一个 TCP 连接就建立起来了。

2. 断开 TCP 连接

由于 TCP 连接是全双工的，因此每个方向都必须单独进行关闭。原则是主动关闭的一方（如已传输完所有数据等原因）发送一个 FIN 报文来表示终止这个方向的连接，收到一个 FIN 意味着这个方向不再有数据流动，但另一个方向仍能继续发送数据，直到另一个方向也发送 FIN 报文。四次挥手的具体过程如下：

（1）客户端发送一个 FIN 报文（报文 4）给服务器，表示将关闭客户端到服务器的连接。

（2）服务器收到报文 4 后，发送一个 ACK 报文（报文 5）给客户端，序号为报文 4 的序号加 1。

（3）服务器发送一个 FIN 报文（报文 6）给客户端，表示自己也将关闭服务器到客户端的连接。

（4）客户端收到报文 6 后，发回一个 ACK 报文（报文 7）给服务器，序号为报文 6 的序号加 1。

至此，一个 TCP 连接就关闭了。

其中，状态从 ESTABLISHED（三次握手）之后到四次握手完成，中间会对正反向流量的数据包进行采集，并对其进行重组，同时监控 TCP 的状态，不同的状态可能包含不同的攻击特征，因此，当 TCP 的某个状态发生时，需要对其进行检测。

例如，一些攻击者会将没有进行三次握手、序列号不正确的报文发送给 IPS（SYN Flood 攻击，攻击者伪造一定量的客户端，对服务器发起 TCP 连接，服务器收到 SYN 报文后，会回复 SYN+ACK 报文，此时，攻击者不回应 ACK 报文，由于三次握手没有正常建立，在一定时间内，服务器将会等待客户端的 ACK 回应报文，在等待期间，需要占用系统资源，当数量达到一定量时，就会发生后续的请求不能正常回应，从而造成拒绝服务攻击），这些报文带有攻击特征，甚至可能有多个攻击特征，所以 IPS 在匹配这些数据包的信息时，就会频繁进行告警，降低了系统的性能并产生误报。通过对 TCP 状态的检测，没有经过三次握手和状态检测不同的报文，属于非法报文，可以直接丢弃，无须进入特征的模式匹配，这样可以完全避免因单包匹配造成的误报并提升效率。

基于状态检测的 TCP 数据采集及检测示意图如图 2-9 所示。

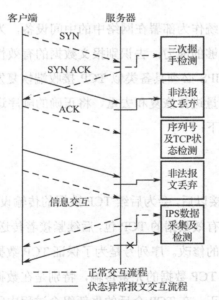

图 2-9　基于状态检测的 TCP 数据采集及检测示意图

2.2.4　TCP 流重组技术

TCP 使用网络层（IP）进行通信，通过重传机制可以确保数据准确到达，如果在一定的时间之内没有收到接收方的响应信息，发送方会自动重传数据。

既然 TCP 报文段作为 IP 数据报来传输，由于网络问题，数据包可能会经过不同的路由传输到目的地，IP 数据报的到达可能会失序，因此 TCP 报文段的到达也可能会失序。如果必要，TCP 将对收到的数据进行重新排序，将收到的数据以正确的顺序交给应用层。

前文已经提到过，通过分片可以达到"绕过"的效果，TCP 如果不进行重组，同样也可以达到"绕过"的效果。入侵防御系统为了更加精准地进行检测和防护，必须将 TCP 数据包进行重组，还原完整的会话，才能获得更加精准的结果。既然 IP 数据报会发生重复，TCP 的接收端必须丢弃重复的数据，也就是在数据传输过程中 TCP 可能发生顺序被打乱或者报文丢失重传、重叠的现象。

因此入侵防御系统作为部署在网络中的中间设备，为了能够对流量进行入侵分析，必须提供足够的能力，去识别报文数据的有效性和报文数据在连接中的位置。从实现上，IPS 必须具备类似 TCP 接收端恢复发送端顺序的能力，通过序列号对双向的流量进行恢复和去重，将正确的顺序送给引擎处理。入侵防御系统的重组步骤如下：

1. SYN 的计算

在 TCP 建立连接以后，会为后续 TCP 数据的传输设定一个初始的序列号。以后每传送一个包含有效数据的 TCP 包，后续紧接着传送的一个 TCP 数据包的序列号都要做出相应的修改。序列号是为了保证 TCP 数据包按顺序传输来设计的，可以有效地实现 TCP 数据的完整传输，特别是在数据传送过程中出现错误时可以有效地进行修正。在 TCP 会话的重新组合过程中需要按照数据包的序列号对接收到的数据包进行排序。

一台主机即将发出的报文中的 SEQ 值应等于它刚收到的报文中的 ACK 值，而它所要发送报文中的 ACK 值应为它所收到报文中的 SEQ 值加上该报文中所发送的 TCP 数据的长度，即两者存在：

（1）本次发送的 SEQ=上次收到的 ACK。

（2）本次发送的 ACK=上次收到的 SEQ+本次发送的 TCP 数据长度。

2. 报文的还原

以上讨论的内容都是针对一次 TCP 会话的情况，但是实际应用中网络同时传输的数据来自很多机器，对应很多个不同的 TCP 会话。每个 TCP 传输的报文过程都有一个源/目的 MAC 地址、IP 地址和端口，根据这个六元组可以确定唯一的一次 TCP 会话，这些会话都会被入侵防御系统记录并维持 TCPSESSION 列表，每一个节点指向一次 TCP 会话组装链表 TCPList，链表的表头即为六元组，用于区分不同的 TCP 会话。其中，mac_src 表示源 MAC 地址，mac_dst 表示目的 MAC 地址，ip_src 表示源 IP 地址，ip_dst 表示目的 IP 地址，th_sport 表示源端口，th_dport 表示目的端口，next 表示一个指向下个 TCP 会话节点的指针，tcplisthead 表示一个指向 TCPList 头节点的指针。一个报文节点是一个七元组，包括：IP 首部标志位 syn 和 fin，分别用来表示会话的开始和结束；seq 表示数据包序列号；len 表示数据包的长度；prev 指向上一个 TCPList 节点的指针，首节点时为空；next 指向下一个 TCPList 节点的指针，尾节点时为空；data 为传输的 TCP 数据。显然，对于一个完整的报文，重装链表的第一个包的 syn 为 1，最后一个包的 fin 为 1，且所有节点的 seq 应该是连续的。

在数据传输过程中，可能由于路由、数据校验错误等网络原因，导致数据包的乱序或重传。TCP 会话的重组过程实际上就是对链表的插入和删除过程。针对每一次 TCP 会话建立一个 TCP SESSION，以后每捕获一个数据包，首先检查此数据包所属的 TCP 会话是否已经在链表中存在。如果存在，找到相应的 TCP 会话过程，根据序列号将其插入到适当的位置。如果所属的 TCP 会话不在链表中，则新建立一个 TCP SESSION 节点插入到链表的尾部。在此过程中，如果一个数据包与链表中某一个数据包的序列号和数据长度相同，则说明是重发包，做丢弃处理。最后链表的每一个数据包序列号连续，且第一个数据包为 SYN 包，最后一个数据包为 FIN 包（或是连接复位包 RST），此时认为报文是完整的。

进行重组后，完整的会话内容将进行进一步的协议识别、攻击检测等。

2.2.5　SA 应用识别技术

应用识别是指依据应用本身的特征，将承载在同一类型应用协议上的不同应用区分开来。攻击者往往将攻击信息隐藏在应用之中，例如，基于 Web 服务器的安全漏洞和利用这些漏洞的攻击越来越多、越来越复杂，如何准确地识别这些应用，再从这些应用中识别出异常行为，是入侵防御系统的核心。

传统的协议识别是通过端口来识别协议，没有把报文的深度内容检测及相关的协议解析、检测验证结合起来，协议识别出错，也会导致攻击行为的检测率大大降低。比如，80 端口就是 HTTP 协议，21 端口是 FTP 协议，但是协议并不等于端口，如果改变成其他端口，则会导致 HTTP 协议识别不出，对应的攻击也会检测失败。

SA 协议分析技术引入了基于应用特征的深度识别，不是简单地通过知名端口来定义协议，可以根据协议特征进行智能识别，通过高级的协议识别技术，可以有效地降低 IPS 的误报率，系统不会因为 HTTP 运行在 3128 端口而漏过 HTTP 协议上的攻击。网络智能防御系统根据威胁检测需要，支持多种协议和文件类型的分析和识别。

SA（Service Awareness）技术以流为单位，按报文顺序逐个检测 IP 报文载荷的内容，从而识别出流对应的协议，识别后通过解析内容的方式提取更详细的信息。即 SA 技术包含 SA 识别和 SA 解析两种技术，如图 2-10 所示。

SA 识别技术能够深度分析数据包所携带的 L3～L7/L7+的消息内容、连接的状态/交互信息（如连接协商的内容和结果状态、交互消息的顺序等）等信息，从而识别出详细的应用程序信息（如协议和应用的名称等）。

SA 解析技术是在 SA 识别出报文的协议之后，为了获取更详细的报文内容，对被识别为指定协议的报文进行解析，获取报文中指定字段的内容。例如，解析 HTTP 消息获取 HTTP 访问的 URL 等。

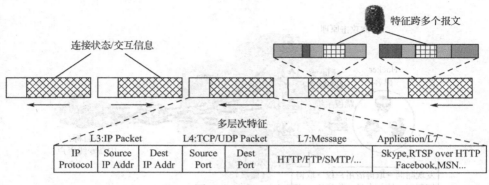

图 2-10　SA 示意图

2.2.6　DDoS 防范技术

拒绝服务攻击也就是 DoS（Denial of Service）攻击，其目的是通过攻击使计算机或网络无法提供正常的服务。DoS 攻击的特点有难于防范、破坏力强、易于发动、追查困难、危害面广。

当攻击者控制了大量傀儡主机，利用这些分布在不同网络中的主机，同时发起一种或多种拒绝服务攻击时，则升级为危害更大的攻击手段：分布式拒绝服务攻击（Distributed Denial of Service，DDoS）。

DDoS 指借助于客户端/服务器技术，将多个计算机联合起来作为攻击平台，对一个或多个目标发动 DoS 攻击，从而成倍地提高拒绝服务攻击的威力。通常，攻击者使用一个偷窃的账号将 DDoS 主控程序安装在一台计算机上，在一个设定的时间主控程序将与大量的代理程序通信，代理程序已经被安装在 Internet 上的许多计算机上，当代理程序收到指令时就发动攻击。利用客户端/服务器技术，主控程序能在几秒钟内激活成百上千个代理程序的运行。

DDoS 攻击如图 2-11 所示。

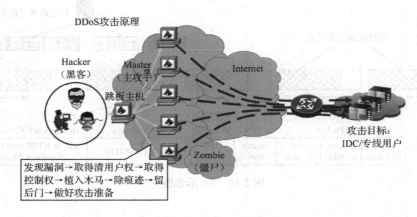

图 2-11　DDoS 攻击

入侵防御系统可以对 DDoS 进行流量检测，在网络出现异常流量时，即时产生告警，通知管理员采取相应的动作保护系统资源。

入侵防御系统基于层层过滤的异常流量清洗思路，采用静态过滤、源合法性认证、行为分析、基于会话的防范和特征识别过滤五种技术，实现对多种 DoS/DDoS 攻击流量的精确清洗。

异常流量清洗如图 2-12 所示。

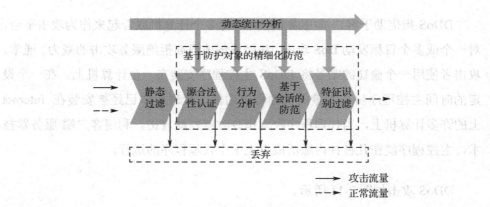

图 2-12　异常流量清洗

基于四层协议的源验证核心思想是向访问防护目标的源 IP 发送带有 cookie 的探测报文，如果该源真实存在，就会对探测报文回应，且回应报文携带 cookie。入侵防御系统通过校验 cookie，即可确认该源 IP 是否真实存在。采用该技术可有效防御虚假源发起的 SYN Flood、SYN-ACK Flood、ACK Flood 攻击。

对于基于应用层的攻击，以上四层协议的源验证失效，需要通过深度解码应用层协议来验证源是否是应用的真实客户端，如果是，建立白名单，允许其后续 Web 访问流量通过；如果是僵尸工具发起的访问，则不会对设备的反向探测报文进行回应，因此无法通过源验证，其后续访问流量会被 IDS 直接丢弃，无法透到后端服务器。对于利用 HTTP Proxy 发起的可以躲避应用层协议源验证的攻击等，设备向访问源弹出要求输入校验码的认证页面，用户只要输入正确的校验码即可通过身份校验，继续访问。因验证码随机变化，故可有效防范绝大多数僵尸工具发起的攻击。

对会话的各种参数指标如时间、速率、状态等进行实时监控，并根据一些异常模式发现和阻拦潜在的攻击和攻击源，达到会话防御的效果，同时，采用指纹学习或访问频率行为学习防范该类攻击。利用行为分析可有效防范 CC 攻击、慢速攻击。

2.2.7　入侵防护技术

不断发现的软件漏洞，以及在各种利益驱动下形成的地下黑色产业链，让网络随时可能遭受到来自外部的各种攻击。而网络内部的 P2P 下载、流媒体、IM 即时消息、网络游戏等互联网应用不仅严重占用网络资源、降低企业工作效率，同时也成为蠕虫病毒、木马、后门传播的主要途径。

为了确保计算机网络安全，必须建立一整套的安全防护体系，进行多层次、多手段的检测和防护。入侵检测系统就是安全防护体系中重要的一环，它能够对 4～7 层数据进行深度检测，及时识别网络中发生的入侵行为并实时防护。

入侵防护功能正是 4～7 层协议的异常特征检测库和安全模型的组合,类似于一个或多个"过滤器"的组合,通过该过滤器能够快速判断是否为异常攻击,并能确定该异常数据包是否应该阻断,通过它能够主动防御蠕虫、病毒、木马、间谍软件、恶意代码、缓冲区溢出、SQL 注入、暴力猜测、拒绝服务、扫描探测、非授权访问、UTL 分类过滤等各种黑客行为,并进行告警。

入侵防护对网络流量进行深度、动态、智能分析并提供防护,支持精确的入侵防护规则库,该库支持实时更新,以应对新兴攻击或攻击变形,保证网络的实时安全性,规则升级包定期更新,0 day 等紧急规则升级包会当日发布。

同时还提供了丰富的上网行为管理功能,可对 P2P 下载、IM 聊天软件、在线视频、网络游戏、炒股软件等网络应用按用户和时间进行阻断或带宽限流,合理优化网络流量。从而,很好地弥补了防火墙、入侵检测等产品的不足,提供了动态、主动、深度的安全防护。

该技术主要包含以下内容:

1)拦截外部网络的攻击

➤ 访问控制规则:支持基于网络接口、IP 地址、服务、时间等参数自定义访问控制规则,以保证网络资源不被非法使用和非法访问。

➤ 专业抗 DDoS:基于流量自学习机制,可防范包括 SYN Flood、UDP Flood、ICMP Flood 等流量型攻击和 HTTP Get、HTTP POST、DNS Flood 等应用型攻击在内的多种 DDoS 攻击。

➤ 深度入侵防护:可检测扫描、缓冲区溢出、SQL 注入、XSS 跨站脚本、木马、蠕虫、间谍软件、网络钓鱼、IP poofing 等攻击,并实时主动阻断,使网络系统免受攻击。

➤ 恶意站点检查:内置恶意站点库,包含挂马站点 URL 和挂马源站点 URL 列表,在终端访问恶意 URL 时主动切断连接。

2）管理内部网络的应用

➢ Web 分类过滤：防止访问与工作无关的网页或包含非法内容的网页，提高工作效率，降低病毒进入企业网的概率。

➢ 应用识别与控制：提供基于软件行为和数据内容而不是端口的应用软件检测机制，可对聊天软件、P2P 下载、流媒体、在线游戏、股票软件等进行管控，以提高企业工作效率，降低内部机密信息泄露及病毒传播的概率。

入侵防护策略灵活，支持规则模板，规则模板是基于业务场景分组的；便于用户在配置入侵防护策略时，根据自身业务灵活选择使用，同时能够减少误报的发生。

2.2.8 应用管理技术

目前，虽然部分应用可以通过关闭或者过滤端口来实现关闭应用，但随着技术的进步，许多应用程序往往都可以使用其他端口进行通信，而且目前大部分蠕虫、木马、僵尸病毒，都是随着应用而传播的。

通过协议解码和应用识别的紧密结合，除了对预定义的应用进行管理外，还可以对自定义应用的特征进行识别和管理，通过用户自定义的字段进行匹配识别和应用。

应用管理功能能够有效控制 IM、P2P、游戏、商业应用、文件传输等各种常用应用的使用，从应用层次进行安全管理，防止某些应用过分消耗带宽及易被漏洞攻击应用的滥用等。

应用管理对网络流量进行深度、动态、智能分析，支持精确的应用规则库，该库支持实时更新，以应对不断变化的应用，应用规则升级需支持周期性更新。

2.2.9　信誉防护技术

随着互联网应用的发展，各种商业服务、电子交易及支撑社会运营的重要数据信息都成为互联网内容的一部分。但网络世界中存在许多虚假信息、诈骗行为、垃圾邮件、钓鱼网站、恶意代码、恶意网站等。对于互联网用户来说，希望获得便利的网络服务，但有些时候又无法判断所访问的信息和服务的真实性，以及是否会给自己带来危害、重要信息是否会被泄露等。因此入侵防御系统中增加了信誉防护技术，通过它评估网站服务器、邮件服务器、URL 等网络中关键信息及服务的安全可信度。

通过信誉防护技术，可以尽可能地降低互联网客户使用互联网资源时遇到的风险。信誉防护技术主要包括信誉的评估、信誉库的生成和使用。

邮件信誉评估体系：主要是针对电子邮件建立的邮件评估体系，重点评估是否为垃圾邮件。评估要素通常包括：邮件发送频度、重复次数、群发数量、邮件发送/接收质量、邮件路径及邮件发送方法等。由于全球每天有几十亿封邮件发送，这对于邮件信誉评估体系来说，在精确度及处理能力方面提出了很大挑战。

Web 信誉评估体系：重点针对目前的 Web 应用，尤其是 URL 地址进行评估的 Web 信誉评估体系，评估要素通常包括域名存活时间、DNS 稳定性、域名历史记录及域名相似关联性等。在信誉评估体系中重点强调对象的可信度，如果认可对象的可信度，则允许该对象在网络中传播，如果可信度不足，将开展更进一步的分析。

文件信誉评估：重点针对文件的传输，尤其是带有攻击行为的文件及私密文件的泄露情况。

信誉库的建立和使用：信誉是区域群体对某实体的行为表现或其被关注属性可信性的动态评估，也就是口碑或声誉的概念。显然，信誉评定过程不是非此即彼的二选一硬判决，而是依据对实体状况的综合评估，赋予该实体一个信誉评估值，这个信誉评估值能够反映实体某一方面信誉好坏的程度。就现实来说，一个主体的信誉评估值不可能仅是 0（黑）或 1（白），更多的是在 0～1 之间（中间地带）；当然，信誉度的取值区间也可以自选确定。后面可以看到，信誉度的概念将为安全信誉在网络安全领域的应用奠定基础。

在信誉度概念的基础上，可以把信誉库定义为网络实体（主、客体）及其信誉度的集合。网络安全设备上的黑、白名单就是信誉库的一个特例——非此即彼。

安全信誉综合评估系统将持续分析挖掘评估相关主体的信誉度，构建安全信誉库并随评估系统的工作持续更新。为了保证信誉库在使用过程中的稳定性和可用性，可以采用定期发布信誉库的方式。

入侵防御系统则根据发布的信誉库建立过滤器，实现网络安全设备对不良信誉实体的连接阻断或过滤，可有效提升阻断的精确度，降低误阻断率及对业务连续性的影响。例如，阻断来自外部访问的应用；阻断对外访问的应用；提高不良信息过滤的有效性方面的应用；信誉防护功能能够防护 C&C 攻击、恶意站点访问和恶意文件访问，并进行告警，发送日志给网管和日志分析系统。

利用信誉过滤器、安全信誉评估策略服务等机制，实现基于信誉评估的阻断规则，可以有效地改善现有安全产品对网络中的不良资源或服务攻击的检测和防护能力，并可通过基于信誉库的安全评估及改善服务，提升用户信息系统的整体安全状态，保护自己资源和信息的安全。为生成安全信誉库，需要展开智能信息分析与评估决策方面的研究，以及研究网络主体行为监管技术、内容真实性判断技术、恶意代码检测技术、各种异常检测技术、系统完整性技术等多种网络实体可信性评估技术。这些工作对促进网络安全监测及安全智能在网络安全领域的应用，以及提升用户的信息安全防护能力，具有重要的意义。

2.2.10　高级威胁防御技术

众所周知，网络攻击者经常使用复杂的恶意软件来危害网络和计算机，以窃取企业的敏感信息。数据是业务的核心，自然也就成了攻击的核心。2%的核心数据中承载了 70%的关键信息，如客户信息、知识产权、市场营销计划和交易信息等。

高级威胁防御功能对内网进行有效安全的防护，可以防止内网敏感数据的泄露、某些文件的外发，可以监控服务器的非法外联行为，以防止攻击者通过服务器进行跳转攻击。

高级威胁防御功能采用访问控制、数据流控制、数据保护等技术，可以防止内部敏感数据（电话、身份证、银行卡）的外泄。在网络流中发现大量的敏感数据外传时，NGIPS 会阻断外传行为，并产生告警日志，启示用户内网存在敏感资源外泄行为。

> ➢ 访问控制：该技术主要用于控制用户能否进入系统以及进入系统的用户能够读/写的数据集。

> ➢ 数据流控制：该技术和用户可访问数据集的分发有关，用于防止数据从授权范围扩散到非授权范围。

> ➢ 数据保护：该技术主要用于防止数据遭到意外或恶意的破坏，保证数据的可用性和完整性。

信息系统的安全目标是通过一组规则来控制和管理主体对客体的访问，这些访问控制规则称为安全策略，安全策略反映信息系统对安全的需求。安全模型是制定安全策略的依据，它用形式化的方法来准确地描述安全的重要方面（机密性、完整性和可用性）及其与系统行为的关系。建立安全模型的主要目的是提高对成功实现关键安全需求的理解层次，以及为机密性和完整性寻找安全策略，安全模型是构建系统保护的重要依据，同时也是建立和评估安全操作系统的重要依据。

访问控制模型从访问控制的角度描述安全系统，主要针对系统中主体对客体的访问及其安全控制。访问控制安全模型中一般包括主体、客体，以及识别和验证这些实体的子系统及控制实体间访问的参考监视器。通常访问控制可以分为自主访问控制（DAC）和强制访问控制（MAC）。自主访问控制机制允许对象的属主来制定针对该对象的保护策略。通常 DAC 通过授权列表（或访问控制列表 ACL）来限定哪些主体针对哪些客体可以执行什么操作。如此可以非常灵活地对策略进行调整。由于其易用性与可扩展性，自主访问控制机制经常被用于商业系统。

文件识别可以防止内部特定格式文件的外发，例如在专利局部门中，为了防止专利文档被恶意获取并传到外部，需要监控 PDF 格式或图片格式文件的外发。

文件识别和文件保护主要通过采取访问控制与授权的方式进行保护，授权行为是指主体履行被客体授予权利的那些活动。因此，访问控制与授权密不可分。授权表示的是一种信任关系，一般需要建立一种模型对这种关系进行描述，才能保证授权的正确性，特别是在大型系统的授权中，没有信任关系模型做指导，要保证合理的授权行为几乎是不可想象的。例如，在亿赛通文档安全管理系统 SmartSec 中，服务器的用户管理、文档流转等模块，就是建立在信任模型的基础上研发成功的，从而能够保证在复杂的系统中，文档能够被正确地流转和使用。

服务器异常防护监控服务器的非法外联行为（除服务器合法外联以外的所有外联行为），进而协助网管排查是否有跳转等攻击行为。

2.2.11　其他相关技术

1. 文件还原技术

NGIPS 进行 HTTP、SMTP、POP3、IMAP 和 FTP 协议分析，对于识别出来的文件，将推送出数据进行组装，还原出数据流中包含的各类文件，并且存放至指定路径。信誉防护功能是基于还原文件进行文件信誉检测的。

2. URL 分类管理技术

Internet 和我们的工作、生活关系越来越密切，电子商务、在线交易、网上银行、即时联络等越来越依赖于 Internet。Internet 上，每天都在不断涌现新的恶意网站、钓鱼网站、木马主机和病毒代码等，这些都对 Internet 的稳定和安全带来重大威胁。

URL 分类与信誉库结合使用，通过 URL 信誉库和应用识别判断恶意网站、非法应用、可疑网络行为，可帮助用户轻松应对各种网络威胁，识别并管控绝大多数可疑网络行为，降低安全管理风险。

同时，URL 分类能够有效控制用户访问网页的行为，根据不同网页类型（网上购物、新闻门户、反动迷信、IT 网站等）进行控制。

URL 分类管理功能基于 URL 分类库进行识别控制网页访问行为，由于网页是时刻变化的，因而 URL 分类库需支持实时更新。

3. 流量管理技术

流量管理功能可以对流量进行分析统计，同时可以控制流量的带宽。

流量分析：实时分析网络流量，并能够在设备界面实时展示流量分析情况，包括总体流量监控、应用流量监控、IP 流量监控。

流量管理：限制通道流量，控制授权用户流量许可和优先级，实现网络资源的合理利用，使得网络中不同类型流量的比例和分布更为合理。同时结合最小带宽、最大带宽和会话限制，有效保证关键带宽的畅通。

4. 资产识别保护技术

根据用户配置，NGIPS 在处理数据包时能够识别相应的资产信息，资产识别后台模块作为威胁可视化分析的一个子模块，为威胁分析提供资产信息。

5. 防病毒技术

防病毒功能能够检测并阻断网络流量中的木马病毒、蠕虫病毒等攻击行为，病毒库需支持在线和离线更新。

6. 威胁可视化技术

威胁可视化技术分析海量日志，分析出需要客户关注的事件，并分析其攻击链条，协助客户排查、处理威胁事件。

NGIPS 向日志分析中心发送告警日志。日志分析中心依据攻击模型，产生值得客户关注的事件，并通过图表等方式从不同维度进行客观展示。

2.3 入侵防御系统技术展望

2.3.1 传统威胁防护方法的优点和不足

经过多年的发展，入侵防御系统在很多方面已经比较成熟且日趋完善，主要包括如下优点：

1）具备了一定的防躲避技术

黑客与入侵防御系统的对决一直都是矛与盾的对决。黑客总是不断地利用各种手段绕开系统防护，而入侵防御系统则不断地更新发展以应对各种躲避手段，目前主流的入侵防御系统已具备了一定的防躲避技术，如：

> IP 报文分片躲避；

> TCP 流分段躲避；

> RPC 报文分片躲避；

> URL 混淆；

> FTP 命令躲避。

2）具备即时升级、实时检测、快速响应能力

当前入侵防御系统具备了即时升级的能力，一般由升级中心提供特征库的定期升级，系统定时从升级网站获得最新的特征库，在出现重大安全事件的时候，升级网站会在第一时间更新特征库。入侵防御系统具备实时告警和响应的能力，一旦发生恶意的访问或攻击，部署在网络中的入侵防御系统便通过屏幕实时提示、声音、邮件、短信等方式提示管理员迅速采取相应的措施，将入侵行为对系统的破坏降到最低。

3）具备分布式部署、集中管理的能力

在中大型网络中，部门分布在各个不同的地理位置，但整个网络内部属于一个大型局域网，一旦某个部门爆发威胁，需要将威胁控制在范围之内并及时对其他部门形成预警，这就需要入侵防御系统具备由统一的管理中心对网络设备进行分布式部署、集中管理的能力。

随着网络与信息技术的发展，尤其是互联网的广泛普及和应用，网络正逐步改变着人类的生活和工作方式。业务对信息和网络的依赖逐渐增强，对社会的各行各业产生了巨大而深远的影响，信息安全的重要性也在不断提升。

近年来，网络信息系统所面临的安全问题越来越复杂，安全威胁正在飞速增长，尤其是基于应用的新型威胁，如隐藏在 HTTP 等基础协议之上的应用层攻击问题、Web 2.0 安全问题、木马后门、间谍软件、僵尸网络、DDoS 攻击、网络资源滥用（P2P 下载、IM 即时通信、网游、视频）等，极大地困扰着用户，

给单位的信息网络造成严重的破坏，严重影响了信息化的进一步发展。

　　未来几年，云计算、物联网、智慧城市、移动互联网和微博等新一代应用和技术在行业中将得到更加广泛的应用，在促进应用创新的同时，也将带来严重的信息安全隐患。攻防的不断发展，安全威胁的不断进化，新应用、新技术的广泛使用，对原有的安全保障理念和模式也将带来巨大的冲击，原有的安全检测和防护手段已经不能完全解决面临的安全问题。

　　传统威胁防御系统的不足主要来源于以下威胁变化：

　　（1）威胁瞄准应用层，随着应用越来越细分和端口跳变等原因，传统的五元组防御不能应对应用层的安全挑战。

　　（2）威胁开始越来越关注移动互联网，移动应用威胁数量陡增，传统防御系统不认识、难跟进。

　　（3）未来攻击更加全面化、商业化，传统的防御系统不能应对或造成性能崩溃。

　　（4）未来威胁越来越分散、隐藏。

　　（5）随着大数据时代的到来，入侵防御系统也需要对大流量数据中心、网络出口、核心网络进行检测和防护，但是传统的入侵防御系统处理能力较低，支持万兆以上全处理能力的入侵防御系统少之又少。

　　（6）恶意文件攻击。系统运维者一般只关心操作系统、网络设备的安全问题，而很少在意文件的漏洞。近年来，通过恶意文件开展攻击比较普遍。将攻击代码埋设在 Word、Excel、PDF 及 Flash 等正常格式文件中，这类文件隐蔽性高、欺骗性强，只要用户访问这类文件，个人计算机就有遭到劫持的危险，从而威胁系统和网络的安全。

（7）IPv6 所带来的安全问题。下一代互联网蓬勃发展，IPv6 已是大势所趋。2003 年，由国家发展和改革委员会主导，中国工程院、科技部、教育部、中科院等八部委联合启动中国下一代互联网示范工程（CNGI）。下一代互联网拥有更大的地址空间，之前 IPv4 是 32 位编码，IPv6 有 128 位编码。这样的地址空间方便更多类型的设备联网，包括移动设备、电气设备、生产设备等，进而推动移动互联网、物联网的蓬勃发展，下一代互联网拥有更快的网络速度。

随着 IPv6 的推广会带来一些独特的不同于以往的安全难题，如何在保证业务正常运营的前提下安全平滑地过渡，以及保证安全防护在 IPv4 网络和 IPv6 网络上均实现无缝稳定运行，是单位十分头疼的问题。但是，对下一代互联网相关技术包括 IPv6、物联网、移动互联网的威胁研究，也一定会促进入侵检测防御技术的大力发展。

2.3.2　技术发展趋势

综合上一节所述的未来攻击威胁的发展变化，入侵防御技术也需要不断地发展，才能更好地满足网络安全的需要。入侵防御技术有如下发展趋势：

1）高性能方向

IPS 可以采用一些更为先进的技术来提高系统的防御性能，如全新的硬件平台、全新的底层数据包处理模块、更为先进的体系架构和并行检测技术等。

2）深度、全面的应用层防护

所有威胁防护能力均基于应用，不依赖于端口。寻找先进可靠的 Web 信誉、URL 分类、应用层流量控制等技术保证应用层安全。

3）异常行为攻击防护

对于传统的攻击行为，仅需关注恶意程序的样本提取并进行分析，便可以掌握攻击者的动机及传播渠道，但对于以 APT 为代表的异常行为攻击，以点概面的安全检测手段已显得不合时宜。这类攻击伪装成正常流量，没有特别大的数据包，地址和内容也没有可疑的不相配，所以一般不会触发警报。即利用合法身份掩护，实施非法行为，同时通过加密通道外传数据。面对这类攻击威胁，我们应当有一套更完善、更主动、更智能的安全防御体系。

4）数据泄露防护

重视基于文件的威胁防护，保证各种协议传输文件的安全性。

5）智能学习和主动防御方向

将智能学习算法应用于入侵检测领域，扩展 IPS 的自适应能力，使 IPS 能够快速主动地检测到攻击。

2.3.3　产品发展趋势

结合目前安全技术的现状及下一代互联网的发展趋势，未来 IPS 系统必将全面支持下一代互联网（IPv6）网络环境，即朝着 IPv6 支持、高性能、低功耗、未知攻击防御能力等各方面的提升发展。

1）发展"IPv6 Ready"的入侵防御系统

IPv6 的网络时代已经到来，但并非马上就能完成切换，作为网络信息安全设备，入侵防御产品必须为 IPv6 的切换做好准备。入侵防御产品必须在 IPv4 和 IPv6 长期共存的局面下发挥作用，为切换期提供高效率、高安全性保障。

2）采用专门的高性能硬件平台

IPS 需要做复杂的深度内容处理，涉及很多复杂的算法处理，而且，在 IPv6 的过渡阶段，还将面临 IPv6 和 IPv4 之间的数据切换，因此，无论从业务的复杂性还是技术的成熟度上来说，都不太适合直接采用 ASIC 芯片来固化。所以单纯地依赖网络处理器或通用处理器几乎不可能达到预定的性能指标，因此 IPS 必须基于特定的硬件平台，才能实现万兆级网络流量的深度数据包检测和阻断功能。

3）综合多种检测技术

为了尽可能地减少误报和漏报，同时增强防范未知攻击的能力，IPS 将趋向包容多种检测技术，包括模式匹配、状态匹配、协议异常、流量异常、统计异常和行为异常分析等，取长补短，大大增强其检测能力。

4）采用冗余的体系架构

为了避免出现单点故障，IPS 采用冗余的体系架构，当出现故障时，冗余设备立刻替代故障设备，继续提供入侵防御功能，增强 IPS 的健壮性。

5）由入侵防御到入侵管理

为了更有效地应对未来日益猖獗的大规模网络安全事件，提供主动防御的入侵防御系统还应该向具有良好可视化、可控性、可管理性的入侵管理系统（IMS）发展。

6）支持产品联动

与其他安全产品联动，形成全方面的安全解决方案，例如，与大数据分析设备联动，对网络大数据进行协同攻击分析，发现大规模和隐藏的网络攻击行为。

7）部署更为简单，集中管理易用

网络拓扑环境和资产防护类型千差万别，如何能根据网络实际应用情况简单配置各种入侵防护策略，并能取得最好的防护效果是入侵防御产品面临的一个问题和发展趋势。

8）关注绿色节能、环保

安全厂商应秉承技术创新的理念，在产品研发、生产、物流、包装等各个环节坚持绿色的设计、绿色的演进方案。同样在网络安全的融合和发展过程中，坚持绿色发展的原则，推进网络安全的融合与发展，采用新技术、新能源应用，实现系统简化，提高系统利用率，减少设备数量，从而达到节省耗电、空间及冷却等降低 IT 成本的目的。同时，还能够减少大量的碳排放，减少对大气层的污染，还给地球更多的绿色。

2.3.4　新一代威胁防御

1. 纵深防御

攻击者总是会想尽一切办法来逃避检测，有些时候他们确实会找到一些可行的方式。因此一个完整的防御方案不能依赖某个单一的检测点或者某种单一的技术来控制重大的安全风险，在新一代威胁防御方面更是如此。需要建立一个纵深的、多层次检测防御体系，通过多种技术，对攻击整个生命周期的各个阶段都提供检测能力，最大限度防止攻击发生了而我们却一无所知的状况出现。基于前面提到的高级恶意软件防御及内网安全检测两部分的内容，可以构建如下的防御能力：

➢ 软件下载阶段：IPS 利用信誉系统收集的恶意软件来源情报，防止客户访问存在恶意文件的互联网地址。

➢ 漏洞利用阶段：通过虚拟执行检测技术，在漏洞利用阶段发现恶意软件攻击线索，并持续检测之后的软件下载、建立命令控制通道等行为。

➢ 控制系统及反向连接命令控制服务器阶段：IPS 利用信誉系统数据，检测、阻断恶意软件的反向出局连接，切断攻击者的命令控制通信，阻止持续渗透活动。

➢ 内网持续渗透阶段：通过基于异常的内网安全检测，发现可能存在的内部持续渗透活动。

➢ 窃取数据阶段：利用 NGIPS 的应用感知、内容感知等特性，进一步检测出局的连接及敏感文件和数据的外传，防止机密数据被窃取等安全事故的发生。

纵深防御体系如图 2-13 所示。

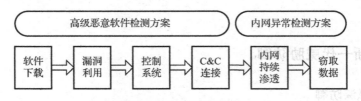

图 2-13　纵深防御体系

　　虚拟执行检测要覆盖必要的文件类型：攻击者可以利用多种文件类型进行高级恶意软件攻击，这就需要虚拟执行检测引擎包含所有可能的文件类型，如pdf、doc/docx、ppt/pptx、xls/xlsx、swf、rtf、zip、rar 等。如果不能支持基本的文件类型，很可能会漏掉一些关键的攻击。

　　误报率极低：大量的误报对于安全检测来说意味着不可用，可能浪费大量的资源做无用功；也可能造成真正的威胁被淹没在大量的事件日志中；更可能会阻断正常的业务，影响业务及营收。虽然任何的检测技术都很难做到不产生误报，这样的要求有点不符合实际，但还是需要尽可能地降低误报率。选择误报率低的产品总是一个恰当的选择，现网测试是甄别误报率问题最有效的手段。

　　云端安全情报共享：通过企业信誉库，组织可以自动地利用虚拟执行技术产生的威胁情报来保护自身，进一步还可以选择通过全球信誉库分享给其他组织的安全情报。通过云端的安全情报共享，一旦有组织检测到新的威胁，则其他组织都会立即受到保护。

　　无论在任何情况下，云端的情报共享都不会使组织内部的文件及其内容传送到外部。具体来说，信誉库的数据涉及互联网的什么位置可能存在恶意软件，攻击者使用的命令控制服务器在互联网的哪个位置。

　　提供智能阻截能力：单纯的检测不能防止威胁的发生，而新一代威胁造成数据泄露所需要的时间是极短的，使我们不可能完全依赖人工的响应。智能防御成为必须考虑的能力，对命令控制连接的阻截尤其重要。恶意软件成功侵入主机后，会迅速地回连，下载进一步入侵的软件并接收攻击者的指令，切断这个通道，就可以认为是控制了后续风险的发生。

专业的本地化服务：任何安全产品，专业化的本地服务都必不可少，对于新一代威胁防御来说更是如此，服务有着特殊的重要意义。

虚拟执行检测需要在产品中提供和实际环境一致的虚拟化软件环境，对于安全厂商来说，现实的做法是根据当前流行的应用软件及版本建立虚拟机，并可以提供数量众多的虚拟机环境来保障检测率。但这并不意味可以覆盖所有客户的实际使用情况。对于一个安全要求较高的组织，理想的情况下需要安全厂商提供定制化虚拟机服务，这不但可以提升安全保障水平，也可以提升安全检测产品的执行效率。

作为 APT 类型的攻击者，会精心地设计攻击以逃避检测，这种情况下一个固定不变的方案是不够的。我们需要更多安全攻防的专家在发现线索后投入力量，对恶意软件做更深入的分析，掌握更全面的情况，查明攻击在内部的影响范围并进行清除，得到攻击者的具体情报进行反制或取证。这需要安全厂商提供恶意软件的深度分析服务和应急响应服务，这些是本地化专业安全团队才可能提供的。

新一代威胁防御方案不是用来替代现有的安全解决方案的，它是针对传统方案有效性降低的那部分提出的补充或完善的措施。针对传统的安全威胁，我们还需要其他产品来解决，如 DDoS、Web 应用攻击等，AntiDDoS 产品、WAF、IPS 等依然发挥了不可替代的作用。而严格的身份鉴别及权限控制更是不可缺少的安全措施。

2. 需要注意的盲点

APT、新一代威胁是现今安全领域的热点，很多安全厂商都会将自己的产品打上相关的标签，但是很多技术在实践中已经被证实并不能达到理想的效果。因此我们需要了解那些容易被误解的概念，防止因为一些盲点而错失了正确的方向。

1）沙盒检测技术

沙盒检测的重点是漏洞利用后的后续恶意行为，这种方式很容易被攻击者通过周密的设计而逃避。恶意软件会精心掩饰自己的行为，让它看起来更像正常的行动。某些恶意软件会尝试检测自己是否在沙盒环境中，并选择暂停其恶意活动来逃避检测。如果希望对沙盒逃避技术有更多的了解，可以参考 Fireeye 的技术白皮书《易如反掌：规避档案式沙盒》（hot-knives-through-butter-evading-file-based-sandboxes）。

正是由于有了这些逃避技术，使得沙盒的检测能力并不理想，同样在 NTT Group 的 *2014 Global Threat Intelligence Report* 中提供了一个对比数据，在他们通过密罐收集的恶意软件中，通过沙箱可以检测的只有 29%。

2）基于云端的检测

云端功能已经成为新一代威胁防御必须考虑的能力，但更多的是需要安全情报的共享，而非进行恶意软件的分析。通过集成虚拟执行技术的硬件设备，就可以直接完成现场的恶意软件分析，大幅提高检测的效率和及时性，并且无须承担文件外泄可能带来的风险。云端检测可能存在的问题还包括：基于现实性能和带宽效率的限制，上传云端的文件类型往往有很大限制，有可能漏掉需要检测的文件。

3）启发式检测技术

并不是所有闪光的都是金子；并不是所有的非签名检测技术都可以有效防御新一代威胁，启发式检测就是其中的一个例子。启发式技术在原有的签名识别技术基础上，可以根据样本分析专家总结的可疑程序样本分析经验，在没有命中签名检测时，根据反编译后程序代码所调用的 API 函数情况（特征组合、出现频率等）判断程序的具体目的是否为恶意，因此它具备一定的零日攻击发现能力。启发式检测的最大问题是误报，有时会把一个正常的程序判定为恶意攻击。因此启发式检测技术虽然很早出现，并被应用到终端防病毒产品中，但其只是对签名检测技术的补充，而不在于检测所有的未知零日软件。

3. 结束语

新一代威胁及 APT 攻击在近年逐渐被政府及企业所重视，从时间上来看，攻击者在多年以前就开始使用新一代的手段和技术，但是直到如今才被市场真正地重视，这似乎预示着防御总是会落后于攻击。但是市场上并没有一致的认识，至于怎样的方案是适合的，上面的内容希望能给大家一些启发，帮助找到满足业务需要的解决方案。

但基于云计算的安全情报共享在很大程度上将改变这种状态，它能够让安全专家、客户更及时地了解攻击者当下使用的攻击方式和手段，了解自身可能受到的具体威胁，进而更好地保护业务和资产。安全领域已进入一个变革的时代，不只是检测技术的革新，更多的将涉及安全研究、产品使用方式、安全能力建设等。回想 2014 年 RSA 大会的主题"分享·学习·保护——利用集体智慧"，一个安全领域的新时代正在前方等待着我们！

第 3 章 入侵防御系统标准介绍

3.1 标准编制情况概述

3.1.1 标准的任务来源

公安部计算机信息系统安全产品质量监督检验中心在 2003 年编制了《MSCTC-GFJ-05 信息技术 入侵防御产品安全检测规范》，并于 2003 年 12 月 1 日正式实施。由于当时入侵防御产品还刚刚起步，作为检测规范，其提出的功能和性能要求较为简单。但近几年随着信息安全技术的发展，入侵防御类产品渐渐演变成了一种主流的信息安全产品，检测规范已不能满足此类产品的发展需求。

国家标准化管理委员会 2008 年下达国家标准制修订计划，国家标准《信息安全技术 网络型入侵防御产品技术要求和测试评价方法》由公安部计算机信息系统安全产品质量监督检验中心（公安部第三研究所）主办，标准计划号 20081327-T-469。本标准的编写将全面系统地阐述网络型入侵防御产品的技术要求及测试评价方法。

3.1.2 标准调研内容

网络型入侵防御产品可以看成具有防御功能的入侵检测产品，具备 IDS 与防火墙双重特点，因此，业界也将入侵防御（Intrusion Prevention）称为入侵检测和保护（Intrusion Detection & Prevention），但是它与带有防火墙联动功能的入侵检测产品及带有入侵检测功能的防火墙还是有明显区别的。

入侵检测产品具有以下几个致命的弱点：

（1）入侵检测产品关注于入侵检测，对于误报和漏报有较大的容忍度，再加上有些产品对协议分析较弱，存在大量漏报和误报。

（2）对入侵检测产品的管理和维护比较难，它需要安全管理员有足够的时间、精力及丰富的知识，以保持传感器的更新和安全策略的有效。

（3）产品联动实施较难，业界现有的商业联盟往往以某个厂家为核心，以"联动"的名义建立起的商业联盟使业内形成了若干个孤岛，"联动"无法发展成为广泛支持的产品特性。大多数有联动功能的产品停留在仅仅是"有联动功能"这样的程度。

（4）最重要的是，入侵检测产品是以被动的方式工作的，只能构架于 HUB 或镜像模式检测攻击，而不能阻止攻击。

防火墙产品与生俱来的即是以数据包高速访问控制为主要卖点，往往交换性能速度是决定防火墙好坏的主要因素，但这与入侵检测需要深度协议分析的消耗存在矛盾，所以现在业界出现了"胖防火墙"的说法，指的就是在防火墙中加入入侵检测等一些安全功能，但这些功能只是作为一种补充功能，提供最低限度的功能支持，而产品还是以防火墙功能为主，本质上还是防火墙。

网络型入侵防御产品定位应该与入侵检测和防火墙产品具有明显的不同：

（1）它不注重入侵的情况描述，强调严格深度分析入侵情况，关注于无攻击状态的误截，对于漏截的控制略低。

（2）要求能够在入侵事件进入被保护网络之前直接自动判断是否需要拦截，不需要人工参与。

（3）不能依靠镜像或 HUB 等方式被动阻断，应该直接串联至网络通路中有效地拦截入侵行为。

（4）在需要较好的网络性能的同时，强调对应用层的协议分析，2～3层的网络访问控制可以完全交由防火墙完成。

根据对网络型入侵防御产品的分析研究，我们对网络型入侵防御类产品在本标准中的描述有以下几个基本思路：

（1）明确定义产品应该串联部署于网络通路上，保证防御措施有效实施。

（2）产品功能描述中不强调漏截率的指标，要求精而不泛。强调在多种严格正常环境下的误截测试。

（3）有步骤地控制功能要求中对入侵拦截或报警的描述、显示及报告的要求，防止对于正常防御的干扰。

（4）强调网络性能测试，作为网络通路设备，网络交换性能十分重要。

（5）考虑网络型入侵防御产品应着重于应用层的入侵协议分析，2～3层的入侵行为应由防火墙等设备进行分担。

通过这几方面的思路，本标准对网络型入侵防御产品的产品功能要求进行了构思和编写。

本标准草案中没有包括主机型入侵防御产品的描述，主要原因是主机型入侵防御涉及面较广，产品类型多样，因此也涉及多种标准。主机型入侵防御产品由于主要是分析主机上的入侵行为或网络中对主机访问进行的防御，现有产品已经发展到了集成防病毒、防间谍软件、个人防火墙、反垃圾邮件等多个功能，面向个人计算机用户提供全面的安全保护，可综合防御病毒传播破坏，阻止黑客入侵攻击，避免个人身份信息、财务信息、机密信息、隐私信息失窃，克服恶意程序造成的计算机工作性能下降，防止垃圾邮件干扰破坏和信息欺诈等。涉及多种产品类型，包括带有阻断功能的主机型入侵检测产品、防病毒产品、个人防火墙、反垃圾邮件、安全助手等。由于对主机入侵手段多样，因此很难准确定位。《MSCTC-GFJ-05 信息技术 入侵防御产品安全检测规范》中也只涉及网络型入侵防御产品。解决的方法有两种：第一，因为主机型入侵防御的定义太宽泛，若规定得太死，则没有产品符合，若规定得太松，则任何有关产品都能符合（如主机型入侵检测产品、防病毒产品、个人防火墙、反垃圾邮件、远程主机监控、访问控制等），建议只覆盖网络型入侵防御产品，作为网络型入侵防御产品标准；第二，以主机型入侵检测为基础，尽可能覆盖所有控制功能，都但要注意对功能大而全的把握，以免造成没有主机型产品符合本标准。

由于国内外没有相应的量化标准，不同实验室测试方法也各有不同，因此只有参考相关标准和国际上知名实验室的测试方法学，主要是 GA/T 683—2007、GB/T 20281—2006、rfc1242/2544、rfc2647/3511 等。最开始，将主要测试指标（包括吞吐量、延迟、新建连接速率、最大并发连接数）定为防火墙相关指标，对于量化值，只要求测试策略最大集和最小集两种状态下的性能差异范围，但是经过与众多企业的技术人员讨论后，删除了延迟、新建连接速率、最大并发连接数的要求，仅保留吞吐量，而且对吞吐量不做指标上的限定。同时，要求漏截和误截的测试，结果需要满足产品开发商的申明。

3.1.3　参考国内外标准情况

该标准编制过程中，主要参考了以下标准：

➤ GB 17859—1999《计算机信息系统安全保护等级划分准则》；

➤ GB/T 20271—2006《信息安全技术 信息系统安全通用技术要求》；

➤ GB/T 20275—2006《信息安全技术 入侵检测系统技术要求和测试评价方法》；

➤ GB/T 22239—2008《信息安全技术 信息系统安全等级保护基本要求》；

➤ GB/T 20281—2006《信息安全技术 防火墙技术要求和测试评价方法》；

> GB/T 18336.2—2001《信息技术　安全技术　信息技术安全性评估准则　第二部分：安全功能要求》;

> GB/T 18336.3—2001《信息技术　安全技术　信息技术安全性评估准则　第三部分：安全保证要求》;

> GA/T 683—2007《信息安全技术　防火墙安全技术要求》。

《信息安全技术　网络型入侵防御产品技术要求和测试评价方法》编制过程中，主要参考了国内外相关的标准，结合当前国内外网络型入侵防御产品的发展情况，系统地描述了网络型入侵防御产品的技术要求和测试评价方法，这些技术是在对国内外现有技术及标准进行吸收、消化的基础上，考虑了我国国情制定的。

现有国内外同类标准只有我国的《MSCTC-GFJ-05　信息技术　入侵防御产品安全检测规范》，本标准完全改写了此规范，在内容和结构上趋于完整和系统化。相关的资料和标准有 NSS、ICSA 等国际著名测评机构的测试方法学和产品检测报告等资料、国内外入侵检测和防火墙产品标准（如 NIST800-31/41、GA/T 683—2007、GB/T 20275—2006、GB/T 20281—2006 等），本标准将这些内容进行了分析和引用。

3.2　标准内容介绍

3.2.1　总体说明

1. 安全技术要求分类

本标准将网络型入侵防御产品的安全技术要求分为安全功能要求、安全保证要求、环境适应性要求和性能要求四个大类。

安全功能要求是对网络型入侵防御产品应具备的安全功能提出的具体要

求，包括入侵事件分析功能要求、入侵事件响应功能要求、入侵事件审计功能要求和管理控制功能要求，以及产品的自身安全要求。内容制定的依据来源于 GB/T 28451—2012 中对网络型入侵防御产品的安全要求。

安全保证要求针对网络型入侵防御产品的开发和使用文档的内容提出具体的要求，如配置管理、交付和运行、开发和指南文件等。内容制定的依据来源于 GB/T 18336.3—2008。

环境适应性要求是对网络型入侵防御产品的部署模式和应用环境提出具体的要求，包括 IPv6 协议一致性、IPv6 应用环境适应性、IPv6 管理环境适应性等。内容制定的依据来源于发改委对于 IPv6 标准的要求：《国家发展改革委办公厅关于组织实施 2012 年国家下一代互联网信息安全专项有关事项的通知》（发改办高技〔2012〕287 号）中规定的各产品主要要求，具体可参考：http://www.ndrc.gov.cn/zcfb/zcfbtz/2012tz/t20120217_461914.htm。

性能要求则是对网络型入侵防御产品应达到的性能指标做出规定，包括吞吐量、延迟、最大并发连接数、最大连接速率、漏截和误截等。内容制定的依据来源于 GB/T 28451—2012 中对网络型入侵防御产品的性能要求。

2. 安全等级划分

本标准按照网络型入侵防御产品的安全功能要求强度，参照 GB/T 18336.3—2008，对网络型入侵防御产品的安全等级进行划分。安全等级分为基本级和增强级，安全功能强弱和安全保证要求高低是等级划分的具体依据。安全等级突出安全特性，环境适应性要求和性能要求不作为等级划分依据。

基本级规定了入侵防御产品的最低安全要求。产品具备基本的协议分析、入侵发现和拦截能力，并对入侵事件生成记录，通过简单的用户标识和鉴别来限制对产品的功能配置和数据访问的控制，使用户具备自主安全保护的能力，阻止非法用户危害入侵防御产品，保护入侵防御产品的正常运行。

增强级要求入侵防御产品划分安全管理角色，以细化对入侵防御产品的管理。加入审计功能，使得授权管理员的行为是可追踪的。产品在实现入侵发现、拦截的同时，更要求具备及时告警的功能，对于事件记录还要求能生成、输出报表，以及要求具备硬件失效处理机制。对外的通用接口、报表结果具备模板定制等功能，还要求具备多鉴别机制、升级安全、自我隐藏等功能，对产品的自身安全提出更高的要求，对产品的正常运行提供更强的保护。

3. 功能要求等级划分

网络型入侵防御产品的具体功能要求等级划分如表 3-1 所示。

表 3-1　网络型入侵防御产品功能要求等级划分表

产品功能和性能要求	功能组件	基 本 级	增 强 级
入侵事件分析要求	数据收集	*	*
	协议分析	*	*
	入侵发现	*	*
	入侵逃避发现		*
	流量监测		*
入侵事件响应功能要求	拦截能力	*	*
	安全告警	*	*
	告警方式		*
	事件合并		*
入侵事件审计功能要求	事件生成	*	*
	事件记录	*	*
	报表生成		*
	报表查阅		*
	报表输出		*
	报表模板的定制		*
管理控制功能要求	管理界面	*	*
	入侵事件库	*	*
	事件分级	*	*
	事件定义		*

续表

产品功能和性能要求	功能组件	基 本 级	增 强 级
管理控制功能要求	协议定义		*
	流量控制		*
	通用接口		*
	硬件失效处理	*	**
	策略配置	*	
	产品升级	*	**
	管理接口独立	*	*

网络型入侵防御产品自身安全要求等级划分如表 3-2 所示。

表 3-2 网络型入侵防御产品自身安全要求等级划分表

安全功能要求	功能组件	基 本 级	增 强 级
标识和鉴别	用户鉴别	*	*
	鉴别失败的处理	*	**
	鉴别数据保护		*
	超时锁定		*
	多鉴别机制		*
用户管理	标识唯一性	*	*
	用户属性定义	*	*
	角色分级		*
安全功能保护	安全数据管理	*	*
	升级安全	*	*
	数据存储告警		*
	自我隐藏		*
安全审计	审计数据生成		*
	审计查阅		*
	受限的审计查阅		*

4．安全保证要求等级划分

按照网络型入侵防御产品的安全功能要求强度，将网络型入侵防御产品安全功能要求划分成基本级和增强级；安全保证要求基本级参照了 EAL2 级安全保证要求，增强级在 EAL4 级安全保证要求的基础上，将脆弱性分析要求提升到可以抵御中等攻击潜力的攻击者发起的攻击。

网络型入侵防御产品安全保证要求等级划分如表 3-3 所示。

表 3-3　网络型入侵防御产品安全保证要求等级划分表

安全保证要求			基 本 级	增 强 级
配置管理		部分配置管理自动化		*
	配置管理能力	版本号	*	*
		配置项	*	*
		授权控制		*
		产生支持和接受程序		*
	配置管理范围	配置管理覆盖		*
		问题跟踪配置管理覆盖		*
交付与运行		交付程序	*	*
		修改检测		*
		安装、生成和启动程序	*	*
开发	功能规范	非形式化功能规范	*	*
		充分定义的外部接口		*
	高层设计	描述性高层设计	*	*
		安全加强的高层设计		*
		安全功能实现的子集		*
		描述性低层设计		*
		非形式化对应性证实	*	*
		非形式化产品安全策略模型		*
指导性文档		管理员指南	*	*
		用户指南	*	*
生命周期支持		安全措施标识		*
		开发者定义的生命周期模型		*
		明确定义的开发工具		*
测试	测试覆盖	覆盖证据	*	*
		覆盖分析		*
		测试: 高层设计		*

续表

安全保证要求			基 本 级	增 强 级
测试	功能测试		*	*
	独立测试	一致性	*	*
		抽样	*	*
脆弱性评定	误用	指南审查		*
		分析确认		*
	产品安全功能强度评估		*	*
	脆弱性分析	开发者脆弱性分析	*	*
		独立的脆弱性分析		*
		中级抵抗力		*

3.2.2 产品功能要求

1. 入侵事件分析功能要求

1）标准内容

（1）数据收集

入侵防御产品应具有实时收集流入目标网络内所有数据包的能力。

（2）协议分析

入侵防御产品应对收集的数据包进行协议分析。

（3）入侵发现

入侵防御产品应能发现协议中的入侵行为。

（4）入侵逃避发现

入侵防御产品应能发现躲避或欺骗检测的行为，如 IP 碎片重组、TCP 流重组、协议端口重定位、URL 字符串变形、shell 代码变形等。

（5）流量监测

入侵防御产品应对目标环境中的异常流量进行监测。

2）标准应用

（1）入侵防御产品一般以网桥或网关方式直路部署在网络环境中，网络中所有的数据包都会经过入侵防御产品。

（2）入侵防御产品可以对经过的数据包进行预分析，如果数据包是 IP 分片报文，应先进行 IP 碎片重组；如果数据包是 TCP 分段报文，应先进行 TCP 流重组；如果应用协议使用的是非知名端口，应先进行协议端口重定位，识别出具体的应用层协议，如 HTTP、FTP、SMTP 等。

（3）经过前面的数据包预分析之后，就可以在极大程度上避免躲避或欺骗检测的行为发生，然后将数据包送到入侵检测引擎，发现其中的入侵行为。

（4）入侵防御产品可以显示出各种异常流量信息。

3）测试评价方法及结果

（1）数据收集

测试评价方法：

➢ 检测入侵防御产品是否能够以网桥或网关方式正确接入网络，具备实时收集流入受保护网段内的数据包的能力。

测试评价结果：

➢ 入侵防御产品应能够以网桥或网关方式接入网络；
➢ 入侵防御产品应能够获取足够的网络数据包以分析入侵事件。

（2）协议分析

测试评价方法：

> 查看入侵防御产品的安全策略配置文档，检查安全事件的描述是否具有协议类型等属性；
> 检查产品说明书，查找关于协议分析方法的说明，按照产品所声明的协议分析类型，抽样生成协议事件，组成攻击事件测试集；
> 配置产品的入侵防御策略为最大策略集；
> 发送攻击事件测试集中的所有事件，记录产品的检测结果。

测试评价结果：

> 记录产品拦截入侵的相应攻击名称和类型；
> 产品说明书中声称能够监视的协议事件主要包括以下类型：ARP、ICMP、IP、TCP、UDP、RPC、HTTP、FTP、TFTP、SNMP、TELNET、DNS、SMTP、POP3、NETBIOS、NFS、SMB、MSN、P2P 等，抽样测试应未发现矛盾之处；
> 列举产品支持的所有入侵分析方法。

（3）入侵发现

测试评价方法：

> 配置入侵防御产品的入侵防御策略为最大策略集；
> 发送产品策略集中的攻击事件，查看是否能够发现攻击事件。

测试评价结果：

> 入侵防御产品应能发现所测入侵行为。

（4）入侵逃避发现

测试评价方法：

➢ 利用入侵检测躲避工具进行攻击，测试入侵防御产品是否对入侵事件进行拦截；

➢ 将入侵事件的协议端口进行重定位，检查入侵防御产品是否对入侵事件进行拦截。

测试评价结果：

➢ 入侵防御产品能够拦截经过分片、乱序之后的入侵事件；

➢ 入侵防御产品能够正确地拦截经过逃避处理的 HTTP 入侵事件；

➢ 入侵防御产品能够对重定位协议端口之后的入侵事件进行拦截。

（5）流量监测

测试评价方法：

➢ 开启入侵防御产品的流量监测功能，定义流量事件，查看流量显示界面；

➢ 对某一服务器发起大流量的访问，如 ftp；

➢ 对特定的端口（如 80 端口）发起大流量访问。

测试评价结果：

➢ 可以显示出各种异常流量信息；

➢ 可以显示出大流量的服务器（如 ftp 流量）；

➢ 列举提供的异常流量监测内容。

2．入侵事件响应功能要求

1）标准内容

（1）拦截能力

入侵防御产品应对发现的入侵行为进行预先拦截，防止入侵行为进入目标网络。

（2）安全告警

入侵防御产品应在发现并拦截入侵行为时，采取相应动作发出安全警告。

（3）告警方式

入侵防御产品宜采取屏幕实时提示、E-mail 告警、声音告警等一种或多种告警方式。

（4）事件合并

入侵防御产品应具有对高频度发生的相同安全事件进行合并告警，避免出现告警风暴的能力。

2）标准应用

该标准描述的是入侵防御产品在发现入侵行为后所采取的响应形式：

（1）对当前数据包采取丢弃或者放行处理。

（2）对发现入侵行为的当前数据流采取阻断或者放行处理。

（3）在屏幕上实时显示安全告警日志以提醒用户入侵行为的发生。

（4）通过向指定的 E-mail 账户发送告警邮件以提醒用户入侵行为的发生。

（5）通过声音告警以提醒用户入侵行为的发生。

为了避免出现告警风暴，可以根据需要对相同的安全事件按照一定的合并规则进行合并告警。

3）测试评价方法及结果

（1）拦截能力

测试评价方法：

➤ 选择具有不同特征的多个事件组成攻击事件测试集（不少于产品支持的攻击事件库的 30%），测试入侵防御产品的防御能力，选取的事件应包括：木马后门类事件、拒绝服务类事件、缓冲区溢出类事件以及其他具有代表性的网络攻击事件，模拟入侵攻击行为；

➤ 配置入侵防御产品的入侵防御策略为最大策略集；

➤ 发送攻击事件测试集中的所有事件，记录测试结果。

测试评价结果：

➤ 能够对入侵行为进行成功拦截；

➤ 应能记录所拦截入侵的相应攻击。

（2）安全告警

测试评价方法：

➤ 从已有的事件库中选择具有不同特征的多个事件，组成攻击事件测试集，模拟入侵攻击行为；

➤ 触发产品的入侵防御策略中特定的安全事件，查看是否有拦截告警信息；

➤ 查看告警事件的信息。

测试评价结果：

➤ 可以显示告警信息；
➤ 事件的详细解释应能便于理解。

（3）告警方式

测试评价方法：

➤ 打开菜单，查看产品告警方式的选择；
➤ 依次选择各种告警方式，测试是否能够按照指定的方法告警。

测试评价结果：

➤ 可以采取屏幕实时提示、声音告警、SNMP trap 消息、E-mail 告警、运行
指定应用程序等告警方式中的一种或多种。记录并列出所有告警方式。

（4）事件合并

测试评价方法：

➤ 连续触发同一事件，查看告警显示情况，看是否能将同一事件进行合并
显示；
➤ 设置事件合并的规则，将某些内容进行合并，如只显示报警信息的事件
名称、发生的次数、源 IP（目的是查看某一事件在这个 IP 上发生了多
少次）。

测试评价结果：

➤ 产品可以根据需要进行同类报警事件的合并。

3. 入侵事件审计功能要求

1）标准内容

（1）事件生成

入侵防御产品应能对拦截行为及时生成审计记录。

（2）事件记录

入侵防御产品应记录并保存拦截到的入侵事件。入侵事件信息应至少包含以下内容：事件名称、事件发生日期时间、源 IP 地址、源端口、目的 IP 地址、目的端口、危害等级等。

（3）报表生成

入侵防御产品应能生成详尽的结果报表。

（4）报表查阅

入侵防御产品应具有浏览结果报表的功能。

（5）报表输出

入侵防御产品应支持管理员按照自己的要求修改和定制报表内容，并输出为方便阅读的文件格式，至少支持以下报表文件格式中的一种或多种：DOC、PDF、HTML、XLS 等。

（6）报表模板的定制

入侵防御产品应提供结果报表模板的定制功能。

2）标准应用

该标准描述入侵防御产品在发现入侵行为后，对入侵事件进行的审计处理：

（1）对拦截行为及时生成审计记录，用于后面进行审计和报表产生。

（2）入侵事件信息需要尽可能详细，用于后面的报表生成。应至少包含以下内容：事件名称、事件发生日期时间、源 IP 地址、源端口、目的 IP 地址、目的端口、危害等级等。

（3）能生成详尽的结果报表，从不同粒度和不同维度全面展示网络实时状况、历史信息及检测到的各种攻击排名、流量趋势走向，方便管理员及时了解网络的流量情况和面临的威胁，对网络加固和 IT 活动实施予以指导。

（4）可以提供多种展现形式来展示结果报表，如柱状图、饼状图和曲线图等丰富的表现形式。

（5）支持管理员按照自己的要求修改和定制报表内容，并输出为方便阅读的文件格式，至少支持以下报表文件格式中的一种或多种：DOC、PDF、HTML、XLS 等。

（6）提供结果报表模板的定制功能。

3）测试评价方法及结果

（1）事件生成

测试评价方法：

➢ 登录控制台界面；
➢ 检查管理界面是否可以实时、清晰地查看到入侵拦截情况。

测试评价结果：

➢ 具有查看入侵拦截事件的显示界面；
➢ 显示界面具备清晰的功能区域，可显示所拦截事件的详细信息。

（2）事件记录

测试评价方法：

> 登录控制台界面；
> 在显示界面上查看所记录的拦截事件的详细信息。

测试评价结果：

> 显示界面上显示的拦截事件详细信息应包括事件名称、事件发生日期时
　间、源 IP 地址、源端口、目的 IP 地址、目的端口、危害等级等。

（3）报表生成

测试评价方法：

> 查看报表生成功能，查看报表的生成方式；
> 查看生成报表的内容。

测试评价结果：

> 具有生成报表的功能；
> 提供默认的模板以供快速生成报表；
> 生成的报表宜包含表格形式、柱状图、饼图等，并宜生成日报、周报等
　汇总报表。

（4）报表查阅

测试评价方法：

> 检查入侵防御产品提供的查阅、浏览检测结果报表的功能。

测试评价结果：

➢ 提供查阅、浏览检测结果报表的功能；

➢ 可以根据事件名称、IP 地址、时间等条件进行查询。

（5）报表输出

测试评价方法：

➢ 检查管理员是否能够按照自己的要求修改和定制报表内容；

➢ 检查入侵防御产品支持的报表输出格式。

测试评价结果：

➢ 入侵防御产品应支持管理员按照自己的要求修改和定制报表内容；

➢ 报表应可输出为方便用户阅读的格式，如 DOC、PDF、HTML、XLS 等。

（6）报表模板的定制

测试评价方法：

➢ 检查入侵防御产品是否提供报表模板的定制功能。

测试评价结果：

➢ 入侵防御产品提供定制报表模板的功能；

➢ 定制新的报表模板，按照新的报表模板生成结果报表。

4. 管理控制功能要求

1）标准内容

（1）管理界面

入侵防御产品应提供用户界面用于管理、配置入侵防御产品。管理配置界面应包含配置和管理产品所需的所有功能。

（2）入侵事件库

入侵防御产品应提供入侵事件库。事件库应包括事件名称、详细描述定义等。

（3）事件分级

入侵防御产品应按照事件的严重程度对事件进行分级，以使授权管理员能从大量的信息中捕捉到危险的事件。

（4）事件定义

入侵防御产品应允许授权管理员自定义策略事件。

（5）协议定义

入侵防御产品除支持默认的网络协议集外，还应允许授权管理员定义新的协议，或对协议的端口进行重新定位。

（6）流量控制

入侵防御产品具备对异常流量进行控制的功能。

（7）通用接口

入侵防御产品应提供对外的通用接口，以便与其他安全设备共享信息或规范化管理。

（8）硬件失效处理

入侵防御产品在提供硬件失效处理机制的同时，还应具备双机热备的能力。

（9）策略配置

入侵防御产品应提供对入侵防御策略、响应措施进行配置的功能。

（10）产品升级

入侵防御产品除具备更新、升级产品事件库的能力外，还应具备更新、升级产品版本的能力。

（11）管理接口独立

入侵防御产品应具备独立的管理接口。

2）标准应用

（1）入侵防御产品有配置和管理产品所有功能的管理界面及划分清晰功能区域的报警显示界面。

（2）入侵防御产品对所有支持的入侵事件具有命名和详细的描述定义。

（3）事件库中所有事件都具有明确的分级信息。

（4）入侵防御产品允许用户自定义事件，并且能够正确检测到新定义的事件并拦截。

（5）入侵防御产品允许用户自定义协议，并且能够检测到新定义的协议事件并拦截。

（6）入侵防御产品允许针对异常流量实现流量控制功能，如控制 P2P 协议的最大流量。

（7）入侵防御产品通过 Syslog 可以将入侵事件日志发送给第三方日志服务器进行日志解析，并进行审计，通过 SNMP 协议可以对入侵防御产品进行管理和配置。

（8）入侵防御产品在硬件失效时，应不影响网络的通畅，并且双机热备进行部署的环境，当出现一台设备宕机的情况，另一台设备可以及时工作并不影响网络的通畅和防御能力。

（9）入侵防御产品提供默认的策略，并可以直接应用，允许用户新增、修改和删除策略，并且支持策略的导入和导出，允许用户编辑策略的不同响应措施。

（10）入侵防御产品程序版本和入侵特征库可以进行手动或自动的在线升级，在此过程中入侵防御产品仍可以正常拦截事件。

（11）入侵防御产品的管理接口和网络数据通信拦截接口是不同的接口。

3）测试评价方法及结果

（1）管理界面

测试评价方法：

➢ 登录控制台管理界面；
➢ 查看用户界面的功能，包括管理配置界面、报警显示界面等。

测试评价结果：

➢ 具备独立的控制台；
➢ 具有配置和管理产品所有功能的管理界面和划分清晰功能区域的报警
　显示界面。

（2）入侵事件库

测试评价方法：

> 检查入侵防御产品是否对入侵事件进行系统陈述、对事件进行命名及详细描述定义。

测试评价结果：

> 入侵防御产品应对所有支持的入侵事件具有命名和详细的描述定义；
> 详细描述易于理解，不产生歧义。

（3）事件分级

测试评价方法：

> 检查入侵事件库中是否对每个事件都有分级信息。

测试评价结果：

> 事件库的所有事件都具有分级信息。

（4）事件定义

测试评价方法：

> 查看入侵防御产品设置是否提供自定义事件界面，是否允许基于产品默认事件修改生成新的事件；
> 自定义生成新的入侵特征；
> 按照新生成的入侵特征发送相应的入侵事件，检查产品能否拦截。

测试评价结果：

> 入侵防御产品允许用户自定义事件，或者可基于产品默认事件修改生成新的入侵事件；
> 入侵防御产品能够检测到新定义的事件并拦截。

（5）协议定义

测试评价方法：

➢ 查看入侵防御产品设置是否提供自定义协议的界面，是否允许基于已有协议修改生成新的协议，是否允许对协议的端口进行重新定位拦截；
➢ 自定义生成新的协议；
➢ 按照新生成的协议类型发送相应的入侵事件，检查产品能否拦截。

测试评价结果：

➢ 入侵防御产品允许用户自定义协议，或者可基于产品提供的已有协议修改生成新的协议，或者允许对协议的端口进行重新定位；
➢ 入侵防御产品能够检测到新定义的协议事件并拦截。

（6）流量控制

测试评价方法：

➢ 开启入侵防御产品的流量控制功能；
➢ 对某一服务器发起大流量的访问，如 P2P。

测试评价结果：

➢ 入侵防御产品允许针对异常流量实现流量控制功能。

（7）通用接口

测试评价方法：

➢ 查看入侵防御产品是否支持与其他安全设备的信息共享或者规范化管理；
➢ 可提供产品自己定义的对外开放通用接口，以支持与其他安全设备共享信息或规范化管理。

测试评价结果：

> 入侵防御产品支持一个或多个信息共享或规范化管理接口协议，其中可包括产品自己定义的对外通用接口；
> 入侵防御产品支持与其他安全设备共享信息或规范化管理；
> 列举入侵防御产品支持的所有通用接口。

（8）硬件失效处理

测试评价方法：

> 检查入侵防御产品具备何种硬件失效处理机制；
> 部署双机热备的环境，关闭其中一台设备，查看另一台设备是否可以及时工作。

测试评价结果：

> 产品硬件失效时，应不影响网络的通畅；
> 对于双机热备进行部署的环境，当出现一台设备宕机的情况，应不影响网络的通畅和防御能力。

（9）策略配置

测试评价方法：

> 打开菜单，查看产品提供的默认策略；
> 查看是否允许编辑或修改生成新的策略；
> 查看是否可以编辑或修改各策略的响应措施。

测试评价结果：

> 产品应提供默认的策略，并可以直接应用；
> 应允许用户编辑策略；
> 具有供用户编辑策略的向导功能；
> 支持策略的导入、导出；
> 应允许用户编辑策略的不同响应措施；
> 记录产品提供的策略种类和名称。

（10）产品升级

测试评价方法：

> 检查入侵防御产品的版本和入侵特征库的升级方式。

测试评价结果：

> 入侵防御产品程序版本和入侵特征库可以进行手动或自动的在线升级；
> 升级过程中入侵防御产品仍可以正常拦截事件。

（11）管理接口独立

测试评价方法：

> 检查入侵防御产品是否配备进行产品管理和网络数据通信拦截的物理接口。

测试评价结果：

> 产品的管理接口和网络数据通信拦截接口是不同的接口，且均能正常工作。

3.2.3　产品自身安全要求

1．标识和鉴别

1）标准内容

（1）用户鉴别

入侵防御产品应在用户执行任何与安全功能相关的操作之前对用户进行鉴别。

（2）鉴别失败的处理

入侵防御产品应在用户鉴别尝试失败连续达到指定次数后，阻止用户进一步进行尝试，并将有关信息生成审计事件。最多失败次数仅由授权管理员设定。

（3）鉴别数据保护

入侵防御产品应保护鉴别数据不被未授权查阅和修改。

（4）超时锁定

入侵防御产品应具有管理员登录超时重新鉴别功能。在设定的时间段内没有任何操作的情况下，中止或者锁定会话，需要再次进行身份鉴别才能够重新管理产品。最大超时时间仅由授权管理员设定。

（5）多鉴别机制

入侵防御产品应提供多种鉴别方式，或者允许授权管理员执行自定义的鉴别措施，以实现多重身份鉴别措施。多鉴别机制应同时使用。

2）标准应用

（1）在用户执行任何与安全功能相关的操作之前都应对用户进行鉴别，登录之前允许做的操作，应仅限于输入登录信息、查看登录帮助等，允许用户在登录后执行与其安全功能相关的各类操作时，不再重复认证。

（2）入侵防御产品应具备定义用户鉴别尝试的最大允许失败次数的功能；入侵防御产品应定义当用户鉴别尝试失败连续达到指定次数后，采取相应的措施；当用户鉴别尝试失败连续达到指定次数后，入侵防御产品应阻止用户进一步尝试（如锁定该用户或者登录 IP）。最多失败次数仅由授权管理员设定，日志记录中应包括鉴别失败处理措施的审计信息。

（3）入侵防御产品应仅允许指定的授权用户查阅或修改身份鉴别数据。

（4）入侵防御产品应具有登录超时重新鉴别功能；任何登录用户在设定的时间段内没有任何操作的情况下，应被终止会话，用户需要再次进行身份鉴别才能够重新管理和使用入侵防御产品；最大超时时间仅由授权管理员设定。

（5）入侵防御产品应提供至少两种鉴别方式；应允许授权管理员执行自定义的鉴别措施，以实现多重身份鉴别措施；多鉴别机制应该能够同时使用。

3）测试评价方法及结果

（1）用户鉴别

测试评价方法：

➢ 登录入侵防御产品，检查是否在执行所有功能之前要求首先进行身份认证。

测试评价结果：

➢ 在用户执行任何与安全功能相关的操作之前都应对用户进行鉴别；
➢ 登录之前允许做的操作，应仅限于输入登录信息、查看登录帮助等；
➢ 允许用户在登录后执行与其安全功能相关的各类操作时，不再重复认证。

（2）鉴别失败的处理

测试评价方法：

➤ 检查入侵防御产品的安全功能是否可定义用户鉴别尝试的最大允许失败次数；

➤ 检查产品的安全功能是否可定义当用户鉴别尝试失败连续达到指定次数后，采取相应的措施；

➤ 尝试多次失败的用户鉴别行为，检查到达指定的鉴别失败次数后，入侵防御产品是否采取了相应的措施；

➤ 检查日志记录中是否包括用户或者登录 IP 被锁定等鉴别失败处理措施的审计信息。

测试评价结果：

➤ 入侵防御产品应具备定义用户鉴别尝试的最大允许失败次数的功能；

➤ 入侵防御产品应定义当用户鉴别尝试失败连续达到指定次数后，采取相应的措施；

➤ 当用户鉴别尝试失败连续达到指定次数后，入侵防御产品应阻止用户进一步尝试（如锁定该用户或者登录 IP）；

➤ 最多失败次数仅由授权管理员设定，日志记录中应包括鉴别失败处理措施的审计信息。

（3）鉴别数据保护

测试评价方法：

➤ 检查入侵防御产品是否仅允许指定的授权用户查阅或修改身份鉴别数据。

测试评价结果:

> 入侵防御产品应仅允许指定的授权用户查阅或修改身份鉴别数据。

（4）超时锁定

测试评价方法:

> 检查入侵防御产品是否具有管理员登录超时重新鉴别功能;
> 设定管理员登录超时重新鉴别的时间段，检查登录用户在设定的时间段内没有任何操作的情况下，入侵防御产品是否终止了会话，用户是否需要再次进行身份鉴别才能够重新管理和使用产品。

测试评价结果:

> 入侵防御产品应具有登录超时重新鉴别功能;
> 任何登录用户在设定的时间段内没有任何操作的情况下，应被终止会话，用户需要再次进行身份鉴别才能够重新管理和使用入侵防御产品;
> 最大超时时间仅由授权管理员设定。

（5）多鉴别机制

测试评价方法:

> 检查入侵防御产品的安全功能是否提供多种鉴别方式;
> 检查入侵防御产品是否提供允许授权管理员执行自定义鉴别措施的功能;
> 检查多鉴别机制是否可同时使用。

测试评价结果:

> 入侵防御产品应提供至少两种鉴别方式，列举入侵防御产品提供或支持的所有鉴别方式;

> 入侵防御产品应允许授权管理员执行自定义的鉴别措施，以实现多重身份鉴别措施；
> 多鉴别机制应该能够同时使用。

2. 用户管理

1）标准内容

（1）标识唯一性

入侵防御产品应保证所设置的用户标识全局唯一。

（2）用户属性定义

入侵防御产品应为每一个用户保存安全属性表，属性应包括：用户标识、鉴别数据、授权信息或用户组信息、其他安全属性等。

（3）角色分级

入侵防御产品应为管理角色进行分级，不同级别的管理角色具有不同的管理权限，以增加入侵防御产品管理的安全性。

2）标准应用

（1）入侵防御产品应允许定义多个用户，每一个用户标识是全局唯一的，不允许一个用户标识用于多个用户。

（2）入侵防御产品为每一个用户保存其安全属性，包括：用户标识、鉴别数据（如密码）、授权信息或用户组信息、其他安全属性等。定义分属于不同角色的多个用户，输入的用户信息都能被保存，输入的用户信息无丢失现象发生。

（3）入侵防御产品应提供分级角色的用户，分级角色覆盖范围互不相同。

3）测试评价方法及结果

（1）标识唯一性

测试评价方法：

➤ 检查入侵防御产品的安全功能是否保证所定义的用户标识全局唯一。

测试评价结果：

➤ 入侵防御产品应允许定义多个用户；
➤ 应保证每一个用户标识是全局唯一的，不允许一个用户标识用于多个用户。

（2）用户属性定义

测试评价方法：

➤ 定义分属于不同角色的多个用户，检查输入的用户信息是否都能被保存。

测试评价结果：

➤ 入侵防御产品应为每一个用户保存其安全属性，包括：用户标识、鉴别数据（如密码）、授权信息或用户组信息、其他安全属性等，输入的用户信息无丢失现象发生。

（3）角色分级

测试评价方法：

➤ 设置多个不同级别角色的用户，进行不同级别内容的操作请求；
➤ 检查入侵防御产品的安全功能是否提供分级角色的用户。

测试评价结果：

➢ 入侵防御产品应提供分级角色的用户，分级角色覆盖范围互不相同。

3. 安全功能保护

1）标准内容

（1）安全数据管理

入侵防御产品应仅限于指定的授权用户访问事件数据，禁止其他用户对事件数据的操作。

（2）升级安全

入侵防御产品应确保事件库和版本升级时的安全，保证升级包是由开发商提供的。

（3）数据存储告警

入侵防御产品应在发生事件数据存储器空间将耗尽等情况时，自动产生告警，并采取措施避免事件数据丢失。产生告警的剩余存储空间大小应由管理员自主设定。

（4）自我隐藏

入侵防御产品应至少提供网桥接入方式，采取隐藏 IP 地址等措施使自身在网络上不可见，以降低被攻击的可能性。

2）标准应用

（1）入侵防御产品应限制对事件数据的访问，除了具有明确访问权限的授权用户之外，入侵防御产品应禁止所有其他用户对事件数据的访问。

（2）入侵防御产品能够利用其提供的各种方法正常升级事件库和产品软件版本；升级包具有开发商的签名提示。

（3）入侵防御产品在发生事件数据存储器空间将耗尽的情况时，自动产生告警；入侵防御产品允许用户设定产生告警的剩余存储空间的大小；在发现事件数据存储器空间将耗尽时，入侵防御产品还应提醒用户采取措施避免事件丢失，可选择转存已有事件数据、仅记录重要的事件数据或者不记录新的事件数据等措施之一。

（4）入侵防御产品应能采用网桥方式隐藏 IP 地址，使自身在网络上不可见。

3）测试评价方法及结果

（1）安全数据管理

测试评价方法：

➢ 模拟授权与非授权用户访问事件数据，查看入侵防御产品安全功能是否仅允许授权用户访问事件数据。

测试评价结果：

➢ 入侵防御产品应限制对事件数据的访问，除了具有明确访问权限的授权用户之外，入侵防御产品应禁止所有其他用户对事件数据的访问。

（2）数据存储告警

测试评价方法：

➢ 检查入侵防御产品安全功能是否具有存储器剩余空间将耗尽的告警功能；
➢ 检查入侵防御产品安全功能是否允许用户设定产生告警的剩余存储空间的大小；
➢ 人为地将存储产品的事件数据存储器空间耗至设定的告警值以下，查看入侵防御产品是否告警。

测试评价结果：

> 入侵防御产品在发生事件数据存储器空间将耗尽的情况时，自动产生告警；
> 入侵防御产品允许用户设定产生告警的剩余存储空间的大小；
> 在发现事件数据存储器空间将耗尽时，入侵防御产品还应提醒用户采取措施避免事件丢失，可选择转存已有事件数据、仅记录重要的事件数据或者不记录新的事件数据等措施之一。

（3）升级安全

测试评价方法：

> 尝试用产品所允许的各种方法升级事件库和产品软件版本，检查升级过程是否正常；
> 检查升级包是否具有开发商的签名提示，证明该升级包是由开发商提供的合法升级包；
> 检查开发者文档中对保证升级安全的描述。

测试评价结果：

> 入侵防御产品能够利用其提供的各种方法正常升级事件库和产品软件版本；
> 升级包具有开发商的签名提示；
> 开发者文档中提供了为事件库和版本升级安全所采取措施的详细描述；
> 列举产品提供的事件库和版本升级手段。

（4）自我隐藏

测试评价方法：

➢ 检查开发者文档中对入侵防御产品自身安全的描述；

➢ 将产品以网桥方式接入网络，检查 IP 隐藏情况。

测试评价结果：

➢ 入侵防御产品应能采用网桥方式隐藏 IP 地址，使自身在网络上不可见。

4. 安全审计

1）标准内容

（1）审计数据生成

入侵防御产品应至少为下述可审计事件产生审计记录：

➢ 试图登录入侵防御产品管理端口和管理身份鉴别请求；

➢ 所有对安全策略更改的操作；

➢ 修改安全属性的所有尝试。

应在每个审计记录中至少记录如下信息：事件的日期和时间、事件类型、主体身份、事件的结果（成功或失败）等。

（2）审计查阅

入侵防御产品应为授权管理员提供从审计记录中读取全部审计信息的功能，并可对审计记录进行排序。

（3）受限的审计查阅

除了具有明确的读访问权限的授权管理员之外，入侵防御产品应禁止非授权用户对审计记录的读访问。

2）标准应用

（1）入侵防御产品应至少为下述可审计事件产生审计记录：身份鉴别的尝

试、安全策略更改的操作、修改安全属性的尝试；应在每个审计记录中至少记录如下信息：事件的日期和时间、事件类型、主体身份、事件的结果（成功或失败）等。

（2）入侵防御产品应为授权管理员提供从审计记录中读取全部审计信息的功能，并可以对审计记录进行排序。

（3）入侵防御产品应限制审计记录的访问。除了具有明确的读访问权限的授权管理员之外，入侵防御产品应禁止所有其他用户对审计记录的读访问。

3）测试评价方法及结果

（1）审计数据生成

测试评价方法：

➢ 结合开发者文档，使用不同角色用户模拟对入侵防御产品不同模块进行访问、运行、修改、关闭以及重复失败尝试等相关操作，检查入侵防御产品提供了对哪些事件的审计。审查审计记录的正确性。

测试评价结果：

➢ 入侵防御产品应至少为下述可审计事件产生审计记录：身份鉴别的尝试、安全策略更改的操作、修改安全属性的尝试；

➢ 应在每个审计记录中至少记录如下信息：事件的日期和时间、事件类型、主体身份、事件的结果（成功或失败）等。

（2）审计查阅

测试评价方法：

➢ 审查产品安全功能是否为授权管理员提供从审计记录中读取全部审计

信息的功能，是否能对审计记录进行排序。

测试评价结果：

➤ 入侵防御产品应为授权管理员提供从审计记录中读取全部审计信息的功能，并可以对审计记录进行排序。

（3）受限的审计查阅

测试评价方法：

➤ 模拟授权与非授权管理员访问审计记录，查看入侵防御产品安全功能是否仅允许授权管理员访问审计记录。

测试评价结果：

➤ 入侵防御产品应限制审计记录的访问，除了具有明确的读访问权限的授权管理员之外，入侵防御产品应禁止所有其他用户对审计记录的读访问。

3.2.4 产品保证要求

1. 配置管理

1）标准内容

（1）配置管理能力

开发者应使用配置管理系统并提供配置管理文档，以及为入侵防御产品的不同版本提供唯一的标识。

配置管理系统应对所有的配置项做出唯一的标识，并保证只有经过授权才能修改配置项，还应支持入侵防御产品基本配置项的生成。

　　配置管理文档应包括配置清单、配置管理计划及接受计划。配置清单用来描述组成入侵防御产品的配置项。在配置管理计划中，应描述配置管理系统是如何使用的。实施的配置管理应与配置管理计划相一致。在接受计划中，应描述对修改过或新建的配置项进行接受的程序。

　　配置管理文档还应描述对配置项给出唯一标识的方法，并提供所有的配置项得到有效维护的证据。

　　（2）配置管理范围

　　开发者应提供配置管理文档。

　　配置管理文档应说明配置管理系统至少能跟踪：入侵防御产品实现表示、设计文档、测试文档、用户文档、管理员文档、配置管理文档和安全缺陷，并描述配置管理系统是如何跟踪配置项的。

　　2）测试评价方法及结果

　　（1）配置管理能力

　　测试评价方法：

　　评价者应审查开发者所提供的文档是否包含以下内容：

➤ 开发者应使用配置管理系统并提供配置管理文档，以及为产品的不同版本提供唯一的标识。

➤ 配置管理系统应对所有的配置项做出唯一的标识，并保证只有经过授权才能修改配置项，还应支持产品基本配置项的生成。

➤ 配置管理文档应包括配置清单、配置管理计划及接受计划。配置清单用来描述组成产品的配置项。在配置管理计划中，应描述配置管理系统是如何使用的。实施的配置管理应与配置管理计划相一致。在接受计划中，应描述对修改过或新建的配置项进行接受的程序。

➢ 配置管理文档还应描述对配置项给出唯一标识的方法，并提供所有的配置项得到有效维护的证据。

测试评价结果：

➢ 审查记录及最后结果（符合/不符合），评价者审查内容至少包括测试评价方法中的四方面（内容还涉及基本配置项生成及接受计划控制能力）。开发者提供的配置管理内容应完整。

（2）配置管理范围

测试评价方法：

评价者应审查开发者提供的配置管理支持文件是否包含配置管理范围，要求将入侵防御产品的实现表示、设计文档、测试文档、用户文档、管理员文档、配置管理文档等置于配置管理之下，从而确保它们的修改是在一个正确授权的可控方式下进行的。评价者应审查开发者交付的文档是否包含以下内容：

➢ 开发者所提供的配置管理文档应展示配置管理系统至少能跟踪上述配置管理之下的内容；
➢ 文档应描述配置管理系统是如何跟踪这些配置项的；
➢ 文档还应提供足够的信息表明达到所有要求；
➢ 问题跟踪配置管理范围，除产品配置管理范围描述的内容外，要求特别强调对安全缺陷的跟踪。

测试评价结果：

➢ 审查记录及最后结果（符合/不符合）符合测试评价方法要求，评价者应审查产品受控于配置管理。

2. 交付与运行

1）标准内容

（1）交付

开发者应使用一定的交付程序交付入侵防御产品，并将交付过程文档化。

交付文档应包括以下内容：

> 在给用户方交付入侵防御产品的各版本时，为维护安全所必需的所有程序；
> 开发者向用户提供的产品版本和用户收到的版本之间的差异及如何监测对产品的修改；
> 如何发现他人伪装成开发者修改用户的产品。

（2）安装生成

开发者应提供文档说明入侵防御产品的安装、生成和启动。

2）测试评价方法及结果

（1）交付

测试评价方法：

评价者应审查开发者是否使用一定的交付程序交付产品，并使用文档描述交付过程，而且评价者应审查开发者交付的文档是否包含以下内容：

> 在给用户方交付产品的各版本时，为维护安全所必需的所有程序；
> 产品版本变更控制的版本和版次说明、实际产品版本变更控制的版本和版次说明、监测产品程序版本修改说明；

➢ 检测试图伪装成开发者向用户发送产品的方法描述。

测试评价结果：

➢ 测试记录及最后结果（符合/不符合）应符合测试评价方法要求，开发者
应提供完整的文档描述所有交付的过程（文档和程序交付），并包括产
品详细版本、版次说明，以及发现非授权修改产品的方法，评测员进行
审查确认。

（2）安装生成

测试评价方法：

➢ 评价者应审查开发者是否提供了文档说明产品的安装、生成、启动和使
用的过程；
➢ 用户能够通过此文档了解安装、生成、启动和使用过程；

测试评价结果：

➢ 审查记录及最后结果（符合/不符合）应符合测试评价方法要求。

3. 安全功能开发

1）标准内容

（1）功能设计

开发者应提供文档说明入侵防御产品的安全功能设计。

安全功能设计应以非形式方法来描述安全功能与其外部接口，并描述使用
外部安全功能接口的目的与方法，在需要的时候，还要提供例外情况和出错信
息的细节。

（2）高层设计

开发者应提供文档说明入侵防御产品安全功能的高层设计。

高层设计应以非形式方法表述并且是内在一致的。为说明安全功能的结构，高层设计应将安全功能分解为各个安全功能子系统进行描述，并阐明如何将有助于加强产品安全功能的子系统和其他子系统分开。对于每一个安全功能子系统，高层设计应描述其提供的安全功能，标识其所有接口以及哪些接口是外部可见的，描述其所有接口的使用目的与方法，并提供安全功能子系统的作用、例外情况和出错信息的细节。高层设计还应标识入侵防御产品安全要求的所有基础性的硬件、固件和软件，并且支持由这些硬件、固件或软件所实现的保护机制。

（3）安全功能的实现

开发者应为选定的产品安全功能子集提供实现表示。

实现表示应无歧义而且详细地定义产品的安全功能，使得不需要进一步的设计就能生成该安全功能的子集。实现表示应是内在一致的。

（4）低层设计

开发者应提供文档说明入侵防御产品安全功能的低层设计。

低层设计应是非形式化、内在一致的。在描述产品安全功能时，低层设计应采用模块术语，说明每一个安全功能模块的目的，并标识安全功能模块的所有接口和安全功能模块可为外部所见的接口，以及安全功能模块所有接口的目的与方法，适当的时候，还应提供接口的作用、例外情况和出错信息的细节。

低层设计还应包括以下内容：

➢ 以安全功能性术语及模块的依赖性术语，定义模块间的相互关系；

➢ 说明如何提供每一个安全策略的强化功能；

➢ 说明如何将入侵防御产品加强安全策略的模块和其他模块分离开。

（5）表示对应性

开发者应在入侵防御产品安全功能表示的所有相邻对之间提供对应性分析。

2）测试评价方法及结果

（1）功能设计

测试评价方法：

评价者应审查开发者所提供的信息是否满足如下要求：

➢ 功能设计应当使用非形式化风格来描述产品安全功能与其外部接口；

➢ 功能设计应当是内在一致的；

➢ 功能设计应当描述使用所有外部产品安全功能接口的目的与方法，适当的时候，要提供结果影响、例外情况和出错信息的细节；

➢ 功能设计应当完整地表示产品的安全功能。

测试评价结果：

➢ 审查记录及最后结果（符合/不符合），评价者审查内容至少包括测试评价方法中的四个方面。开发者提供的内容应精确和完整。

（2）高层设计

测试评价方法：

评价者应审查开发者所提供的信息是否满足如下要求：

➤ 高层设计应采用非形式化的表示；

➤ 高层设计应当是内在一致的；

➤ 产品高层设计应当描述每一个产品安全功能子系统所提供的安全功能，提供适当的体系结构来实现产品安全要求；

➤ 产品的高层设计应当以子系统的观点来描述产品安全功能的结构，定义所有子系统之间的相互关系，并把这些相互关系适当地作为数据流、控制流等的外部接口来表示；

➤ 高层设计应当标识产品安全要求的任何基础性的硬件、固件和/或软件，并且通过支持这些硬件、固件或软件所实现的保护机制，来提供产品安全功能表示。

测试评价结果：

➤ 审查记录及最后结果（符合/不符合），评价者审查内容至少包括测试评价方法中的五个方面。开发者提供的高层设计内容应精确和完整。

（3）安全功能的实现

测试评价方法：

评价者应审查开发者所提供的信息是否满足如下要求：

➤ 开发者应当为选定的产品安全功能子集提供实现表示；

➤ 开发者应当为整个产品安全功能提供实现表示；

➤ 实现表示应当无歧义地定义一个详细级别的产品安全功能，该产品安全功能的子集无须选择进一步的设计就能生成；

➤ 实现表示应当是内在一致的。

测试评价结果：

➤ 审查记录及最后结果（符合/不符合），评价者审查内容至少包括测试评价方法中的四个方面。开发者提供的安全功能实现内容应精确和完整。

（4）低层设计

测试评价方法：

评价者应审查开发者所提供的产品安全功能的低层设计是否满足如下要求：

➢ 低层设计的表示应当是非形式化的；

➢ 低层设计应当是内在一致的；

➢ 低层设计应当以模块术语描述产品安全功能；

➢ 低层设计应当描述每一个模块的目的；

➢ 低层设计应当以所提供的安全功能性和对其他模块的依赖性术语定义模块间的相互关系；

➢ 低层设计应当描述如何提供每一个产品安全策略强化功能；

➢ 低层设计应当标识产品安全功能模块的所有接口；

➢ 低层设计应当标识产品安全功能模块的哪些接口是外部可见的；

➢ 低层设计应当描述产品安全功能模块所有接口的目的与方法，适当的时候，应提供影响、例外情况和出错信息的细节；

➢ 低层设计应当描述如何将产品分离成产品安全策略加强模块和其他模块。

测试评价结果：

➢ 审查记录及最后结果（符合/不符合），评价者审查内容至少包括测试评价方法中的十个方面。开发者提供的低层设计内容应精确和完整。

（5）表示对应性

测试评价方法：

➢ 评价者应审查开发者是否在产品安全功能表示的所有相邻对之间提供

对应性分析。其中，各种产品安全功能表示（如产品功能设计、高层设计、低层设计、实现表示）之间的对应性是所提供的抽象产品安全功能表示要求的精确而完整的示例。本元素仅仅要求产品安全功能在功能设计中进行细化，并且要求较为抽象的产品安全功能表示的所有相关安全功能部分，在较具体的产品安全功能表示中进行细化。

测试评价结果：

➢ 测试记录及最后结果（符合/不符合），评价者审查内容至少包括功能设计、高层设计、低层设计、实现表示这四项。开发者提供的内容应精确和完整，并互相对应。

4. 指导性文档

1）标准内容

（1）管理员指南

开发者应给授权管理员提供包括以下内容的管理员指南：

➢ 产品管理员可以使用的管理功能和接口；
➢ 怎样安全地管理入侵防御产品；
➢ 在安全处理环境中应进行控制的功能和权限；
➢ 所有对与入侵防御产品的安全操作有关的用户行为的假设；
➢ 所有受管理员控制的安全参数，如果可能，应指明安全值；
➢ 每一种与管理功能有关的安全相关事件，包括对安全功能所控制的实体的安全特性进行的改变；
➢ 所有与授权管理员有关的 IT 环境的安全要求。

管理员指南应与为评价而提供的其他所有文件保持一致。

（2）用户指南

开发者应提供包括以下内容的用户指南：

➢ 入侵防御产品的非管理用户可使用的安全功能和接口；

➢ 入侵防御产品提供给用户的安全功能和接口的用法；

➢ 用户可获取但应受安全处理环境控制的所有功能和权限；

➢ 入侵防御产品安全操作中用户所应承担的职责；

➢ 与用户有关的 IT 环境的所有安全要求。

用户指南应与为评价而提供的其他所有文件保持一致。

2）测试评价方法及结果

（1）管理员指南

测试评价方法：

评价者应审查开发者是否提供了供授权管理员使用的管理员指南，并且此管理员指南是否包括如下内容：

➢ 产品可以使用的管理功能和接口；

➢ 怎样安全地管理产品；

➢ 在安全处理环境中应进行控制的功能和权限；

➢ 所有对与产品的安全操作有关的用户行为的假设；

➢ 所有受管理员控制的安全参数，如果可能，应指明安全值；

➢ 每一种与管理功能有关的安全相关事件，包括对安全功能所控制的实体的安全特性进行的改变；

➢ 所有与授权管理员有关的 IT 环境的安全要求。

测试评价结果：

➢ 测试记录及最后结果（符合/不符合），评价者审查内容至少包括测试评
　价方法中的七个方面。开发者提供的管理员指南应完整。

（2）用户指南

测试评价方法：

评价者应审查开发者是否提供了供入侵防御产品用户使用的用户指南，并
且此用户指南是否包括如下内容：

➢ 产品的非管理用户可使用的安全功能和接口；
➢ 产品提供给用户的安全功能和接口的用法；
➢ 用户可获取但应受安全处理环境控制的所有功能和权限；
➢ 产品安全操作中用户所应承担的职责；
➢ 与用户有关的 IT 环境的所有安全要求。

测试评价结果：

➢ 测试记录及最后结果（符合/不符合），评价者审查内容至少包括测试评
　价方法中的五个方面。开发者提供的用户指南应完整。

5. 开发安全

1）标准内容

开发者应提供包括以下内容的开发安全文件：

➢ 开发安全文件应描述在入侵防御产品的开发环境中，为保护入侵防御产
　品设计和实现的机密性和完整性，而在物理上、程序上、人员上以及其
　他方面所采取的必要的安全措施；
➢ 开发安全文件还应提供在入侵防御产品的开发和维护过程中执行安全
　措施的证据。

2）测试评价方法及结果

测试评价方法：

评价者应审查开发者所提供的信息是否满足如下要求：

➢ 开发人员的安全管理：开发人员的安全规章制度、开发人员的安全教育培训制度和记录；

➢ 开发环境的安全管理：开发地点的出入口控制制度和记录、开发环境的温湿度要求和记录、开发环境的防火防盗措施和国家有关部门的许可文件，以及开发环境中所使用的安全产品必须采用符合国家有关规定的产品并提供相应的证明材料；

➢ 开发设备的安全管理：开发设备的安全管理制度，包括开发主机使用管理和记录，设备的购置、修理、处置的制度和记录，上网管理，计算机病毒管理和记录等；

➢ 开发过程和成果的安全管理：对产品代码、文档、样机进行受控管理的制度和记录。

测试评价结果：

➢ 测试记录及最后结果（符合/不符合），评价者审查内容至少包括测试评价方法中的四个方面。开发者提供的文档应完整。

6. 测试

1）标准内容

（1）范围

开发者应提供测试覆盖的分析结果。

测试覆盖的分析结果应表明测试文档中所标识的测试与安全功能设计中所描述的安全功能是对应的，且该对应是完整的。

（2）测试深度

开发者应提供测试深度的分析。

在深度分析中，应说明测试文档中所标识的对安全功能的测试，足以表明该安全功能和高层设计是一致的。

（3）功能测试

开发者应测试安全功能，并提供以下测试文档：

> 测试文档应包括测试计划、测试规程、预期的测试结果和实际测试结果；
> 测试计划应标识要测试的安全功能，并描述测试的目标，测试规程应标识要执行的测试，并描述每个安全功能的测试概况，这些概况包括对其他测试结果的顺序依赖性；
> 期望的测试结果应表明测试成功后的预期输出；
> 实际测试结果应表明每个被测试的安全功能能按照规定进行运作。

（4）独立性测试

开发者应提供证据证明，开发者提供的入侵防御产品经过独立的第三方测试并通过。

2）测试评价方法及结果

（1）范围

测试评价方法：

> 评价者应审查开发者提供的测试覆盖分析结果是否表明了测试文档中所标识的测试与安全功能设计中所描述的安全功能是对应的；
> 评价测试文档中所标识的测试是否完整。

测试评价结果：

> 审查记录及最后结果（符合/不符合），开发者提供的测试文档中所标识的测试与安全功能设计中所描述的安全功能应对应，并且标识的测试应覆盖所有安全功能。

（2）测试深度

测试评价方法：

> 评价开发者提供的测试深度分析是否说明了测试文档中所标识的对安全功能的测试，足以表明该安全功能和高层设计是一致的。

测试评价结果：

> 测试记录及最后结果（符合/不符合），评价者测试和审查与安全功能相对应的测试，这些测试应能正确保证测试出的安全功能符合高层设计的要求。

（3）功能测试

测试评价方法：

> 评价开发者提供的测试文档是否包含测试计划、测试规程、预期的测试结果和实际测试结果；
> 评价测试计划是否标识了要测试的安全功能，是否描述了测试的目标；
> 评价测试规程是否标识了要执行的测试，是否描述了每个安全功能的测试概况（这些概况包括对其他测试结果的顺序依赖性）；
> 评价期望的测试结果是否表明测试成功后的预期输出；
> 评价实际测试结果是否表明每个被测试的安全功能能按照规定进行运作。

测试评价结果：

> 测试记录及最后结果（符合/不符合），评价者审查内容至少包括测试评价方法中的五个方面。开发者提供的内容应完整。

（4）独立性测试

测试评价方法：

> 评价者应审查开发者是否提供了用于测试的产品，且提供的产品是否适合测试。

测试评价结果：

> 测试记录及最后结果（符合/不符合），开发者应提供能适合第三方测试的产品。

7. 脆弱性评定

1）标准内容

（1）指南检查

开发者应提供文档。

在文档中，应确定对入侵防御产品的所有可能的操作方式（包括失败和操作失误后的操作）、它们的后果及对于保持安全操作的意义。文档中还应列出所有目标环境的假设及所有外部安全措施（包括外部程序的、物理的或人员的控制）的要求。文档应是完整的、清晰的、一致的、合理的。在分析文档中，应阐明文档是完整的。

（2）脆弱性分析

开发者应从用户可能破坏安全策略的明显途径出发，对入侵防御产品的各种功能进行分析并形成文档。对被确定的脆弱性，开发者应明确记录采取的措施。

对每一条脆弱性，应能够显示在使用入侵防御产品的环境中该脆弱性不能被利用。

2）测试评价方法及结果

（1）指南检查

测试评价方法：

评价者应审查开发者提供的文档是否满足了以下要求：

➤ 评价文档是否确定了对产品的所有可能的操作方式（包括失败和操作失误后的操作），是否确定了它们的后果，以及是否确定了对于保持安全操作的意义；

➤ 评价文档是否列出了所有目标环境的假设以及所有外部安全措施（包括外部程序的、物理的或人员的控制）的要求；

➤ 评价文档是否完整、清晰、一致、合理；

➤ 评价开发者提供的分析文档，是否阐明文档是完整的。

测试评价结果：

➤ 测试记录及最后结果（符合/不符合）符合测试评价方法要求。开发者提供的评价文档应完整，并且通过分析文档等方式阐明文档是完整的。

（2）脆弱性分析

测试评价方法：

> 评价开发者提供的脆弱性分析文档是否从用户可能破坏安全策略的明显途径出发，对产品的各种功能进行了分析；
> 对被确定的脆弱性，评价开发者是否明确记录了采取的措施；
> 对每一条脆弱性，评价是否有证据显示在使用产品的环境中该脆弱性不能被利用。

测试评价结果：

> 测试记录及最后结果（符合/不符合）符合测试评价方法要求。开发者提供的脆弱性分析文档应完整。

3.2.5　环境适应性要求

1. IPv6 协议一致性

1）标准内容

网络型入侵防御产品应根据 IPv6 标准设计、开发网络协议栈。

2）标准应用

为了适应下一代互联网的发展需求，入侵防御产品应该满足 IPv6 协议的需求，能够正常运行在 IPv6 网络环境中。

3）测试评价方法及结果

测试评价方法：

> 采用协议 IPv6 一致性测试软件对网络型入侵防御产品进行测试；
> 选择 IPv6 核心协议进行逐个测试。

测试评价结果：

> IPv6 核心协议通过率不低于 80%。

2．IPv6 应用环境适应性

1）标准内容

网络型入侵防御产品应支持 IPv6/IPv4 双栈、纯 IPv6 等多种 IPv6 应用环境。

2）标准应用

网络型入侵防御产品在 IPv4/IPv6 双栈和纯 IPv6 环境下能够正常工作，并且能够正确检测到 IPv4/IPv6 双栈和纯 IPv6 的入侵事件并拦截。

3）测试评价方法及结果

测试评价方法：

➢ 分别配置 IPv4/IPv6 双栈和纯 IPv6 环境；
➢ 检查网络型入侵防御产品在 IPv4/IPv6 双栈和纯 IPv6 环境下是否能够正常工作。

测试评价结果：

➢ 网络型入侵防御产品在 IPv4/IPv6 双栈和纯 IPv6 环境下能够正常工作。

3．IPv6 管理环境适应性

1）标准内容

网络型入侵防御产品应支持在 IPv6/IPv4 双栈、纯 IPv6 等多种 IPv6 环境下进行管理。

2）标准应用

网络型入侵防御产品支持在 IPv4/IPv6 双栈和纯 IPv6 环境下远程管理。

3）测试评价方法及结果

测试评价方法：

➢ 分别配置 IPv4/IPv6 双栈和纯 IPv6 环境；

➢ 检查网络型入侵防御产品在 IPv4/IPv6 双栈和纯 IPv6 环境下是否能够正常管理工作。

测试评价结果：

➢ 网络型入侵防御产品支持在 IPv4/IPv6 双栈和纯 IPv6 环境下进行远程管理。

3.2.6　性能要求

1. 吞吐量

1）标准内容

网络型入侵防御产品的吞吐量视不同速率的产品有所不同，具体指标要求如下：

（1）对 64 字节短包，百兆网络型入侵防御产品应不小于线速的 20%，千兆及万兆网络型入侵防御产品应不小于线速的 35%。

（2）对 512 字节中长包，百兆网络型入侵防御产品应不小于线速的 70%，千兆及万兆网络型入侵防御产品应不小于线速的 80%。

（3）对 1518 字节长包，百兆网络型入侵防御产品应不小于线速的 90%，千兆及万兆网络型入侵防御产品应不小于线速的 95%。

2）测试评价方法及结果

测试评价方法：

➢ 配置入侵防御产品内外网允许规则，不启用入侵防御策略；

➢ 进行 UDP 双向吞吐量测试；

➢ 配置入侵防御产品内外网允许规则，并按产品默认模式启用入侵防御策略集；

> ➤ 进行 UDP 双向吞吐量测试。

测试评价结果：

> ➤ 入侵防御产品的吞吐量性能指标应达到标准中规定的最低要求。

2．延迟

1）标准内容

网络型入侵防御产品的延迟视不同速率的产品有所不同，具体指标要求如下：

（1）对 64 字节短包、512 字节中长包、1518 字节长包，百兆网络型入侵防御产品的最大延迟不应超过 500μs。

（2）对 64 字节短包、512 字节中长包、1518 字节长包，千兆、万兆网络型入侵防御产品的最大延迟不应超过 90μs。

2）测试评价方法及结果

测试评价方法：

> ➤ 配置入侵防御产品内外网允许规则，不启用入侵防御策略，按照上述测得的最大吞吐量进行延迟测试；
> ➤ 配置入侵防御产品的内外网允许规则，启用产品的默认防御策略，按照上述测得的最大吞吐量进行延迟测试。

测试评价结果：

> ➤ 入侵防御产品的延迟性能指标应达到标准中规定的最低要求。

3．最大并发连接数

1）标准内容

最大并发连接数视不同速率的网络型入侵防御产品有所不同，具体指标要求如下：

> 百兆防火墙的最大并发连接数应不小于 10000 个；
> 千兆防火墙的最大并发连接数应不小于 100000 个；
> 万兆防火墙的最大并发连接数应不小于 1000000 个。

2）测试评价方法及结果

测试评价方法：

> 配置入侵防御产品的内外网允许规则，启用产品的默认防御策略；
> 通过专用性能测试设备测试入侵防御产品所能维持的 TCP 最大并发连
> 接数。

测试评价结果：

> 入侵防御产品的最大并发连接数性能指标应达到标准中规定的最低要求。

4. 最大连接速率

1）标准内容

最大连接速率视不同速率的网络型入侵防御产品有所不同，具体指标要求
如下：

> 百兆防火墙的最大连接速率应不小于每秒 1500 个；
> 千兆防火墙的最大连接速率应不小于每秒 5000 个；
> 万兆防火墙的最大连接速率应不小于每秒 50000 个。

2）测试评价方法及结果

测试评价方法：

> 配置入侵防御产品的内外网允许规则，启用产品的默认防御策略；
> 通过专用性能测试设备测试入侵防御产品的 TCP 连接速率。

测试评价结果：

> 入侵防御产品的最大连接速率性能指标应达到标准中规定的最低要求。

5. 误截和漏截

1）标准内容

（1）误截

应在正常背景流量条件下，对入侵防御产品的误截情况进行测试。

（2）漏截

应在正常和入侵背景混合流量条件下，对入侵防御产品的漏截情况进行测试。

2）标准应用

（1）网络型入侵防御产品在长时间的正常混合流量下，误截的数量应在误截允许范围内。

（2）按照吞吐量测试值的 80%作为背景流量，其中混合攻击流量，网络型入侵防御产品漏截攻击的数量应该在允许范围内。

3）测试评价方法及结果

（1）误截测试

测试评价方法：

> 配置入侵防御产品的入侵防御策略集为最大；
> 以主流应用协议按照不同比例进行混合作为正常背景流量，流量比例如 Packets（http 38%、https 35%、dns 13%、smtp 7%、other 7%）、Bytes（http 51%、https 35%、smtp 9%、dns 4%、other 1%）；
> 按照产品标称处理能力的 80%带宽对入侵防御产品进行流量模拟，保持

入侵防御产品持续运行一段时间（如 1h），记录产品的误截情况。

测试评价结果：

➢ 分析记录与之对应的正常流量，确定误截情况，记录入侵防御产品拦截的入侵事件名称、发生时间、详细解释、个数等。
➢ 开发商提交的误截允许范围应符合误截测试情况。

（2）漏截测试

测试评价方法：

➢ 配置入侵防御产品的入侵防御策略集为最大；
➢ 对应于入侵防御产品入侵事件库，选取入侵防御产品能够正常防御的多个网络远程入侵完整行为（不同类型的且较为常见的攻击事件）组成入侵事件测试集；
➢ 按照上述误截中使用的混合流量作为背景流量，并分别按照产品标称的带宽性能的 20%、40%、60% 和 80% 进行发送，混合攻击流量，测试入侵防御产品的漏截情况，记录入侵防御产品入侵拦截的结果。

测试评价结果：

➢ 记录入侵防御产品拦截的入侵事件名称、发生时间和数量，分析记录与之对应的模拟入侵事件；
➢ 记录测试中入侵事件的总数量和入侵防御产品拦截的总数量，确定漏截情况；
➢ 开发商提交的漏截允许范围应符合漏截测试情况。

第4章 入侵防御系统典型应用

4.1 产品应用部署

4.1.1 互联网入口

图 4-1 是典型的企业或者组织的网络拓扑结构，直路部署在互联网入口，即"串联"到企业网络和互联网之间，是 IPS 产品在企业中常见的应用场景。如果已经部署了防火墙，一般会把 IPS 部署在防火墙内侧（企业网络侧），用以保护企业内网的客户端。

对于一些需要较大上网带宽的企业，可能有多个互联网接入，比如网通、电信各一条线路。这种情况下，当多个接入链路在同一个物理地点时，往往要求 IPS 产品可以同时具备多路检测防御能力，如图 4-2 所示。

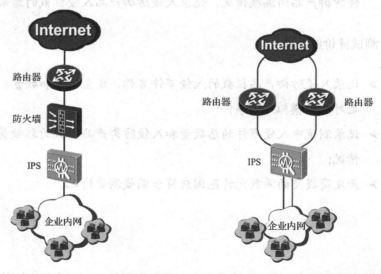

图 4-1　典型的企业或者组织的网络拓扑结构　　图 4-2　IPS 产品多路检测拓扑图

4.1.2　服务器前端

直路部署在服务器前端也是 IPS 产品最传统的一种应用场景，一般用于企业网络服务器区和 IDC 数据中心。在这种场景下，保护的不仅仅是某个服务软件本身，还包括软件所在的平台（如操作系统、物理主机和网络设施等），如图 4-3 所示。

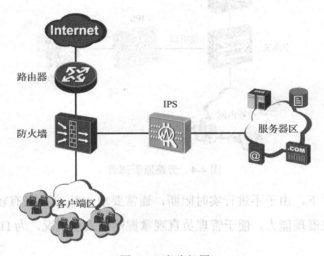

图 4-3　直路部署

IPS 直路部署的情况下，通常对 IPS 产品的性能及检测精准度有更高的要求，不像很多传统的 IDS 产品，签名往往都易产生误报，既耗费大量成本在识别和消除误报上，又无法有效对攻击进行实时阻断。

4.1.3　旁路监听

旁路监听是 IDS 产品和 IPS 产品重要的一种应用场景，有些场景下，用户只希望进行网络安全事件的监控，并不想对网络流量进行影响，因此，除了传统的 IDS 产品外，IPS 产品通常也具备像 IDS 产品一样的旁路监听功能，一般用于企业网络，主要进行内网监控，以满足客户分析和审计网络安全事件的需求。如图 4-4 所示，IPS 接口设置为监听模式，交换机通过配置端口镜像，将流量复制一份发给 IPS 进行检测。

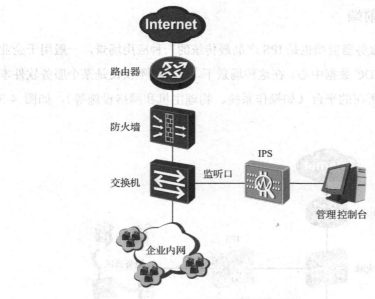

图 4-4　旁路监听部署

　　这种场景下，由于不进行实时阻断，通常要求 IPS 产品具有较强的事件分析及日志报表展现能力，便于管理员直观掌握网络安全状况，为 IT 活动的实施给予指导。

4.1.4　IPv6 及其过渡场景

　　随着计算机及通信技术的飞速发展，互联网更以超乎想象的速度膨胀，IP 业务的爆炸性增长、IP 网络上应用的不断增加，使得互联网 IPv4 公网地址资源不断消耗，原有的 IPv4 网越来越显得力不从心。IP 网络正在向下一代网络演进，各个国家和地区都加大了对 IPv6 的部署力度。IPv6 除了带来地址空间的增大外，还有许多优良的特性，比如在安全性、服务质量、移动性等方面，其优势更加明显。

　　虽然 IPv6 具备更加明显的优势，但是由于 IPv4 的长期广泛应用，决定了从IPv4 向 IPv6 的过渡将是一个长期的、渐进的过程。IPv4/IPv6 过渡技术是用来在 IPv4 向 IPv6 平滑演进的过渡期内，保证业务共存和互操作的。与 IPS 产品相关的常见的 IPv4 向 IPv6 过渡的技术有如下两种：

➢ 双栈技术：通过网络节点对 IPv4 和 IPv6 双协议栈的支持，支持两种业
务的共存；

➢ 隧道技术：通过在 IPv4 网络中部署隧道，提供两个 IPv6 站点之间通过
IPv4 网络实现通信连接，以及两个 IPv4 站点之间通过 IPv6 网络实现通
信连接的技术。

（1）单纯 IPv6 网络环境下的应用

单纯 IPv6 网络环境下 IPS 产品的应用场景与前面所述的单纯 IPv4 网络中的
应用场景类似，只不过 IPS 产品需要支持 IPv6 的协议栈解析及攻击的检测，并
且能够详细呈现 IPv6 网络环境下的攻击信息。

（2）IPv4 与 IPv6 并存网络环境下的应用

这种场景下，IPS 需要检测的网络中 IPv4、IPv6 并存，需要 IPS 设备能够
同时具备 IPv4/IPv6 双栈环境下的协议解析及网络威胁检测能力，可以同时保护
IPv4 及 IPv6 网络，如图 4-5 所示。

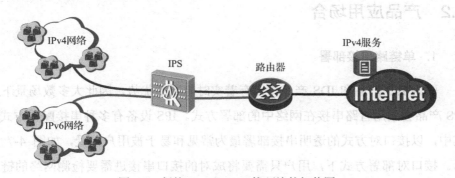

图 4-5　保护 IPv4/IPv6 双栈环境的拓扑图

（3）IPv4 over IPv6 及 IPv6 over IPv4 网络环境下的应用

IPv4 向 IPv6 的隧道过渡技术是 IPv4 向 IPv6 过渡的常用方法，用于实现孤
立的 IPv4 或 IPv6 网络之间的互通。在 IPv4 到 IPv6 的过渡环境里，将会存在大
量的隧道包，包括 IPv6 over IPv4 和 IPv4 over IPv6，攻击者可以构造隧道攻击，

向受攻击主机发送攻击数据包。因此 IPv6 下的入侵防御必须具备分析检测隧道数据报文的能力，如图 4-6 所示。

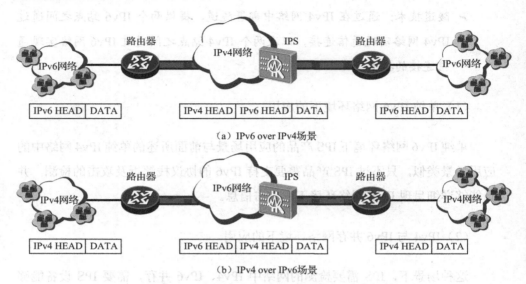

（a）IPv6 over IPv4场景

（b）IPv4 over IPv6场景

图 4-6　保护 IPv4/IPv6 隧道环境的拓扑图

4.2　产品应用场合

1. 单链路串接部署

因为 IPS 产品和 IDS 产品相比有着实时阻断的优势，因此大多数场景下，IPS 产品会采用直路串接在网络中的部署方式。IPS 设备有多种串接配置方式，其中，以接口对方式的透明串接部署最为常见和易于被用户接受，如图 4-7 所示。接口对部署方式下，用户只需要将成对的接口串接进需要检测网络的链路中，无须复杂配置，多个接口间的流量即可以自动进行隔离。

在这种场景下，通常对设备的可靠性有很高的要求，当由于软件或硬件引起异常时，可以自动启动 Bypass 功能，避免影响用户业务。其中，硬件 Bypass 需要设备接口支持 Bypass 功能，在主机软件系统异常、系统硬件故障、设备掉电等异常场景下，可以使用户的网络链路直通，避免中断用户重要业务。

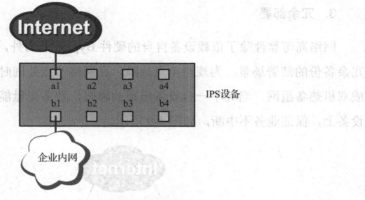

图 4-7　单链路串接部署

2. 接口捆绑的多链路串接部署

除了简单的单链路串接外，IPS 产品还经常会遇到负载分担或 Eth-Trunk 的网络环境，需要将接口绑定，从而比较容易地在这些复杂的网络环境中进行部署，如图 4-8 所示。

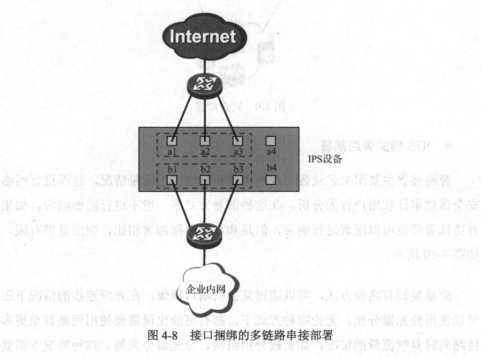

图 4-8　接口捆绑的多链路串接部署

3. 冗余部署

网络高可靠性除了依赖设备自身的硬件 Bypass 能力外，还经常会遇到双机冗余备份的部署场景。为规避单点故障，在网络节点处同时部署两台设备，形成双机热备组网。当其中一台设备出现故障时，业务流量能平滑地切换到备用设备上，保证业务不中断，如图 4-9 所示。

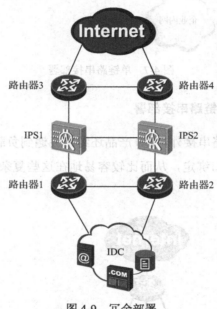

图 4-9　冗余部署

4. IDS 模式旁路部署

旁路部署主要用来记录各类攻击事件和网络应用流量情况，进而进行网络安全事件审计和用户行为分析。在这种部署方式下一般不进行防御响应，如果有特殊需要也可以配置进行响应，但是和直路串接部署相比，响应效果有限，如图 4-10 所示。

流量复制有两种方式，可以通过交换机端口镜像，在光纤连接的情况下还可以使用分光器分光。无论哪种方式下，都有可能出现需要使用两条甚至更多链路同时复制流量的情况，如负载分担组网、分光器分光等。这种情况下需要使用多个接口同时接收镜像流量进行检测。如图 4-11 所示，为分光器分光部署场景。

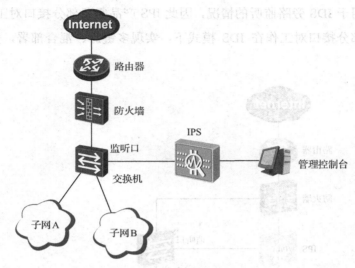

图 4-10　IDS 模式旁路部署

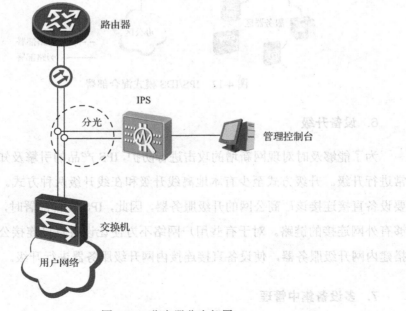

图 4-11　分光器分光部署

5. IPS/IDS 模式混合部署

根据用户网络需求不同,IPS 设备还可能会出现部分接口用于 IPS 直路防御,部分接口用于 IDS 旁路监听的情况，因此 IPS 产品需要部分接口对工作在 IPS 模式下，部分接口对工作在 IDS 模式下，实现多链路、混合部署，如图 4-12 所示。

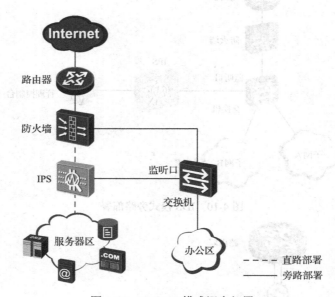

图 4-12　IPS/IDS 模式混合部署

6. 设备升级

为了能够及时对现网新增的攻击进行防护,IPS 产品的引擎及知识库需要经常进行升级。升级方式至少有本地离线升级和在线升级两种方式。在线升级需要设备直接连接该厂商公网的升级服务器,因此,IPS 设备部署时,常常需要能够有外网连接的链路。对于有些用户网络不方便让设备直接连接公网的,可以搭建内网升级服务器,使设备直接连接内网升级服务器进行升级。

7. 多设备集中管理

有些场景下，用户网络中会部署不止一台 IPS 设备，因此需要能够对多台

IPS 设备进行集中管理，可以在一个控制台上对多台设备进行统一的策略部署，并且方便管理员实时掌握全网的安全情况，察看所有的安全事件及报表汇总。

8. IPS 产品部署场景下的基本诉求

（1）低误报

传统的 IDS 产品由于只是进行旁路监听，对用户网络影响很小，因此对签名的质量、签名的检测效率相对较低，而 IPS 产品需要对网络中的攻击能够实时阻断，误报率高会对用户的业务产生很大的影响。知识库从传统入侵检测产品继承来的 IPS 产品，对于大量误报率高的签名往往不建议开启，但是同时这些签名的存在，对于网络管理员来说，意味着很高的成本，他们需要对这些基本不使用的签名进行识别，甚至为了避免误报导致的误阻断流量的情况，往往需要在海量日志中进行甄别并反复修改设备配置。

因此，对 IPS 产品的签名质量需要有更高的要求，能够精准检测并尽量降低误报率，既减少网络维护成本，又能够给 IT 活动提供更有价值的指导意义。

（2）易用性

IPS 产品和防火墙产品不同，产品的策略配置更加复杂，有些情况下甚至对管理员的网络安全知识有一定的要求，因此，如何降低 IPS 产品的配置复杂性、提升产品的易用性也是各 IPS 厂家不断追求的目标之一。

常见的提升易用性的方式有：

➢ 采用接口对部署，减少二层/三层网络接口配置，做到即插即用；
➢ 提供默认配置及配置模板，针对不同的常见场景可以快速应用策略，简化维护；
➢ 网络流量自学习，针对 DDoS 类攻击可以避免用户手动设置流量阈值；
➢ 提供丰富的事件分析和报表能力，使网络安全情况一览无余。

（3）性能

IPS 产品有着鲜明的特点：它既要像一般网络产品一样，高速处理报文，另一方面，它却需要像终端和服务器一样，深度解码网络数据流中的内容。如何协调好这一矛盾，使系统同时提供高效的网络性能和强大的检测防御能力，是 IPS 产品性能提升的有力保证。

因此，在关注 IPS 产品性能时，不能仅仅像防火墙一样，关注网络层的吞吐量，更需要重点关注应用层的吞吐量（如常见的 HTTP Goodput 测试方法）。另外，为了尽量保障业务畅通，很多 IPS 产品在达到 CPU 处理瓶颈时，会选择直接放行报文，而此时 IPS 设备的安全保障能力也会因此而大打折扣。所以，测试时除了关注吞吐量的指标外，还需要关注在该吞吐量背景环境下对原有已知攻击样本检出率的变化程度。

9. 多链路防护部署

目前，很多企业为了保证网络带宽资源的充足和网络冗余，网络出口采用多链路连接方式，连接到两个或更多 ISP 服务商。

针对这种连接方式，可采用多链路防护的解决方案，在网络出口处部署网络入侵防御系统，采用多路 NIPS 的部署方式：

> NIPS 支持多路 NIPS 部署，每路 NIPS 单独防护一个 ISP 接入链路，一台 NIPS 可以同时防护多条链路，节约客户投资；

> NIPS 的各路 NIPS 是相互独立的，彼此之间没有数据交换，互不干扰，保证了各链路流量的自身安全；

> NIPS 实时监测各种流量，提供从网络层、应用层到内容层的深度安全防护。

NIPS 多链路防护解决方案如图 4-13 所示。

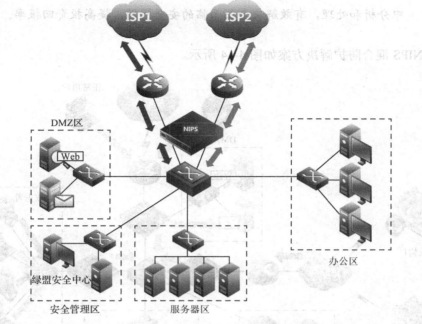

图 4-13　NIPS 多链路防护解决方案

10. 混合防护部署

大型企业的网络规模很大，结构相对复杂，不仅有总部，还有各地的分支机构，既要保护网络边界的安全，同时又要保护企业内网的安全。

针对大型企业网络特点，网络入侵防护系统提供混合防护的解决方案：

➢ 在总部互联网出入口处在线部署 NIPS，实现路由防护，针对互联网，提供从网络层、应用层到内容层的深度安全防护；

➢ 在总部内部网段之间以及与各分支机构网络之间在线部署 NIPS，提供透明接入的、独立多路 NIPS 一进一出的、交换式 NIPS 多进多出的全方位、立体式的安全防护体系，实现内网的安全区域划分和控制；

➢ 在企业服务器区旁路部署 NIPS，相当于入侵检测系统，监测、分析服务器区的安全状况，保护服务器安全；

➢ 通过一个安全中心，实现对全网 NIPS 设备的集中管理、安全信息的集中分析和处理，有效解决企业面临的安全问题，提高投资回报率。

NIPS 混合防护解决方案如图 4-14 所示。

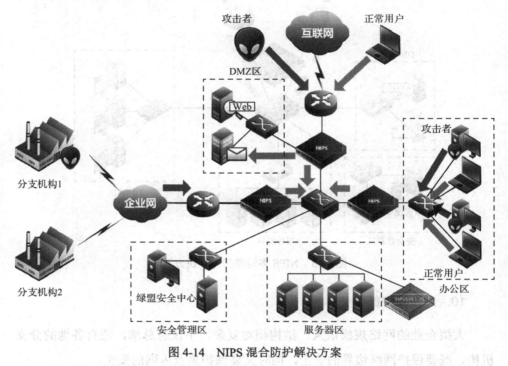

图 4-14　NIPS 混合防护解决方案

第 5 章　入侵防御系统的产品介绍

本章将介绍几款国内知名的入侵防御系统产品，包括：华为 NIP5000 网络智能防护系统、绿盟 NIPS 网络入侵防护系统、网神 SecIPS 入侵防御系统、捷普 IPS 入侵防御系统、东软 NetEye 入侵防御系统、启明星辰 NGIPS8000-A 入侵防御系统，从产品功能、外部接口的简要说明，产品实现的关键技术及产品自身的特点等几方面对这些产品进行介绍，为入侵防御系统的设计者、生产者、购买者和使用者提供一定的指导。

5.1　华为 NIP5000 网络智能防护系统

5.1.1　产品简介

NIP5000 是华为技术有限公司（以下简称华为）推出的新一代入侵防御产品，主要应用于企业、IDC（Internet Data Center）和校园网等，为客户提供全面的应用和流量安全保障。

华为总结网络和安全方面多年的经验积累，推出了专业级 IPS 产品 NIP5000，可实现基本网络访问控制、针对网络滥用的应用识别和控制、针对业务应用漏洞的威胁防护、针对文件传输病毒的扫描和查杀，以及针对 DoS（Denial of Service）攻击和 DDoS（Distributed Denial of Service）攻击的流量安全防护。

5.1.2　产品特点

NIP5000 是华为在充分了解客户和市场需求的基础上，通过成熟的系统设计推出的网络智能检测和防护产品，具有及时应对最新威胁、超低误报、易于部署等特点。

（1）签名反映最新威胁，实现零日防御

由于经济利益的驱使，新型的攻击层出不穷，威胁日新月异。当新的漏洞被发现时，华为会在第一时间发布对应的签名，来防御针对该漏洞的已知的和未知的攻击，真正实现零日防御。

（2）超低误报，确保业务畅通

误报率是衡量签名库质量的重要标准，代表着签名的准确率。出现误报有可能会影响网络正常业务，同时会使管理员面对大量的攻击事件，需要在海量数据中寻找真正有价值的攻击内容。得益于签名的超低误报，NIP5000 产品默认开启阻截的签名的比率非常高，在不影响用户正常业务的情况下，可以最大限度地化解威胁。这样，管理员就无须对照冗长的日志来查看是否有误报、是否需要关闭一些签名等。

（3）即插即用，快速完成部署

NIP5000 的业务接口都工作在二层，能够不改变客户现有的网络拓扑结构，直接透明接入客户网络，且配置了默认的威胁防护策略，接入网络后即可启动防护。

为了方便用户使用，NIP5000 无论是内置的网络端口还是外置的扩展接口卡，都已经固定划分好接口对。当 NIP5000 直路部署时，用户只需要将接口对串行接入到需要保护的网络链路上，即完成了部署。当 NIP5000 单臂部署时，用户只需要使用接口对中的一个接口旁挂在网络中。

由于 NIP5000 的宗旨是即插即用，所以策略和签名都被预设为开机即可工作，无须调整。为了能够让设备更好地适应部署场景，用户也只需要几分钟就可以在设备的 Web 界面中，根据预置的策略模板来创建最符合自己情况的安全策略。每一台 NIP5000 出厂时均内置了较新的知识库，在第一次完成部署的时候，无须等待在线升级完成，就可以立即开始工作。

（4）分离的架构设计，兼顾灵活性和性能

NIP5000 采用报文处理和应用检测分离的架构，既实现了灵活的架构，也兼顾了处理性能。NIP5000 采用基于多核处理器的 NPU（Network Process Unit），依靠多线程处理设计提供十分优异的报文处理性能；同时，NIP5000 采用基于 x86 架构的 ESP 提供强大的应用检测能力。这种分离的架构，兼顾了灵活性和性能，保障在复杂网络环境下，NIP5000 的性能无明显变化。

（5）专业的病毒查杀，保护网络免受病毒侵扰

NIP5000 能够快速准确地对文件传输病毒进行扫描和查杀，在基本不影响原网络的情况下最大限度地提高所保护网络对病毒的防御能力。

NIP5000 采用文件级内容扫描的引擎，提供基于网络协议的病毒查杀功能，支持对用 HTTP/SMTP/POP3/FTP 协议传输的文件的病毒扫描。同时，由专业的病毒分析团队持续追踪最新、最热门的病毒，让用户在最短时间内获得最新的病毒库。

（6）强大的应用层 DDoS 防护，保障服务正常

NIP5000 除支持传统的网络层和传输层 DDoS 防护外，还支持强大的应用层 DDoS 防护，为正常网络服务和流量安全提供保障。NIP5000 具有流量模型自学习能力，并采用层层过滤的检测和清洗技术，能够有效防护应用层 DDoS 攻击，如 DNS 泛洪攻击、HTTP 泛洪攻击、HTTPS 泛洪攻击等。

（7）领先的应用识别数量，满足应用管理的需要

NIP5000 采用业务感知技术，深入分析各种网络应用的流量类型和流量流向走势，全面掌握网络中的流量、协议及业务分布，为合理规划网络、制定流量控制策略提供依据。

NIP5000 通过业务感知技术对数据流进行检测，识别出应用层协议，并对指定类型的数据流量进行控制。应用控制知识库中包含丰富的协议特征，NIP5000 通过分析经过设备的网络数据包，并和应用控制知识库进行比对，识别出游戏、股票、P2P、IM、VoIP 等多种类型的网络数据流量，从而可以根据不同的分类实施相应的策略控制。

5.1.3 产品架构

华为 NIP5000 网络智能防护系统采用华为公司通用软件平台 VRP，提供了基于网络层之上的安全防范技术。针对网络存在的各种安全隐患，具有如下的安全特性：

➢ 威胁防护：针对应用层攻击进行防护；

➢ 应用管控：针对多种协议进行识别、限流或阻断；

➢ 流量安全：针对单包攻击和各种 flood 攻击进行防范。

华为 NIP5000 网络智能防护系统安全体系结构如图 5-1 所示。

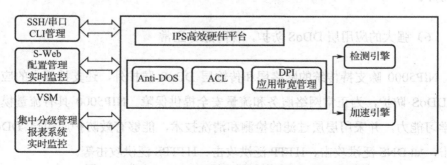

图 5-1   华为 NIP5000 网络智能防护系统安全体系结构

5.1.4 产品主要功能

1）虚拟补丁

NIP5000 的签名是高级的、基于漏洞（而不是基于某种具体的攻击）编写的，所有利用该漏洞的攻击都能被阻挡，像是给保护目标打了补丁一样。

就像只有特定纹路的钥匙才能打开一把锁一样，只有特定"特征"的蠕虫才能攻陷一个漏洞。NIP5000 保护未修补的操作系统和应用程序漏洞的过程如下：

➢ 分析新发现漏洞的特征；

➢ 使用该特征对网络流量进行扫描，拦截符合这个特征的报文，所有利用该漏洞的蠕虫都能被立即阻挡，而不需要具体某种蠕虫本身的特征。

2）客户端防护

NIP5000 使用华为威胁防护引擎，检测精度非常高，在客户端防护上具备很大优势。

针对客户端的攻击已经占了整个互联网攻击的绝大部分，只要是访问网络的客户端，随时都面临被恶意代码侵入的风险。大部分企业都允许员工的计算机访问互联网，这使得对客户端的威胁更加被放大。现今客户端威胁主要集中在对浏览器和常用文档的漏洞攻击上。

3）偷渡式下载防护

偷渡式下载防护是一种最为诡秘的入侵方式。在正常上网的情况下，计算机就自动下载了可执行的数据内容到用户终端上。这是在用户没有任何知悉的情况下发生的，使得问题变得更加严重。统计显示，这已经是目前网络中最严重的入侵活动之一。

主流网站往往成为这类"驱动下载"攻击的源点。NIP5000 通过虚拟补丁的技术，充分保护浏览器和插件的漏洞不被利用，使得偷渡式下载无法实施。由于偷渡式下载利用的技术比较高级，其攻击内容又可以经过非常精心的设计，并加入很多混淆技术，NIP5000 会采用高级的反躲避技术来确保检测这些攻击。

> 具备针对 Web 2.0 和基于浏览器/插件的攻击的防护；
> 能够防御包含在 JavaScript、VBScript、Flash、HTML 和其他内容格式中的恶意代码；
> 能够防御针对客户端漏洞、PDF 阅读器等插件的漏洞、浏览器（如 Microsoft Internet Explorer 和 Mozilla Firefox）本身的漏洞的攻击。

4）欺骗类应用软件防护

黑客除了利用操作系统及其他应用软件的漏洞进行入侵之外，还有许多其他可利用的手段，如利用社会工程学进行欺骗，通过一些欺骗手段使得用户执行了一些他们根本不希望的操作。这种基于社会工程学的欺骗攻击行为主要包括那些被统称为"误导应用"或"流氓软件"的攻击行为。NIP5000 支持检测及防护"误导应用"的网络签名规则。以下是一些常见的网络"误导应用"：

> 虚假的病毒扫描软件及对应的诱骗手段；
> 虚假的恶意软件扫描网页；
> 虚假的媒体解码组件安装程序；
> 隐藏在（或伪装成）不合适的内容格式的可执行文件。

5）间谍/广告软件检测

间谍及广告软件继续成为企业的安全威胁，为缓解这种威胁，NIP5000 支持对间谍/广告软件的检测。间谍/广告软件也许不会在网络内主机间传播，但却是非常需要关注的问题。入侵防护系统是否具备对间谍/广告软件的检测能力可以成为企业决定是否允许应用这类软件的决策依据。入侵防护系统检测到间谍/广告软件的告警有时是可以忽略的，具体取决于企业的安全策略。

6）Web 应用防护

NIP5000 通过精确的内容识别和分析技术，能够防护当今主流的针对 Web 服务器的攻击，如跨站脚本和 SQL 注入。互联网上越来越多的服务是通过 Web

提供的，这些服务对于企业是至关重要的，如果服务出现异常，除给企业带来经济、名誉的损失外，也会严重影响人们的正常工作。

目前，针对 Web 应用漏洞的攻击已经成为主流，占了 Web 攻击的一半以上，其中尤以 SQL 注入攻击和跨站脚本攻击最为突出。另外，各种扫描、猜测和窥探攻击，还有对于服务器可用性产生极大危害的 DoS/DDoS 攻击，严重威胁着Web 应用的安全性。

NIP5000 提供了丰富的签名用来防御 SQL 注入攻击和跨站脚本攻击，给Web 服务器提供有效的防护。

7）恶意软件控制

NIP5000 根据恶意软件发送的网络数据来识别被感染的系统，查找僵尸网络和控制端程序交互的数据，阻挡恶意软件的自动升级活动，防止恶意软件发送客户浏览器历史记录或者其他机密数据给服务器，防止僵尸程序利用被感染的机器发送垃圾邮件。

恶意软件编写者一般会把成人网站或者视频教材等相关视频、语音文件作为欺骗手段的一部分，先显示相关视频介绍及播放点击按钮，当用户点击按钮查看视频内容时则提示用户需要下载及安装编解码器。当用户点击下载时，实际下载及安装的却不是编解码器而是恶意软件。

NIP5000 支持对这类网站连接的检测并进行阻断。针对这种欺骗网站的检测有两种不同的签名库，一种是事前检测，一种是对被感染了的主机的检测。

NIP5000 签名库中针对欺骗网站的签名主要关注以下内容：

> 基于 HTTP 误导类应用检测；
> 基于 HTTP 误导类下载请求检测；
> 基于 HTTP 误导类文件下载检测；

➤ 基于 HTTP 恶意工具下载请求检测。

8）反病毒

NIP5000 提供专业的病毒查杀功能，保护企业的网络免受病毒侵扰。

NIP5000 对最有可能携带病毒的 Web 访问流量、电子邮件流量和 FTP 流量中的文件进行全面扫描，经扫描确认无病毒后再转发。对多种压缩格式的压缩文件、加壳文件及 E-mail 中的附件都能进行全面的扫描，防止病毒传播。

可对使用 HTTP、SMTP、POP3、FTP 协议传输的文件进行病毒扫描。用户可根据网络部署特点，针对不同的协议，灵活配置不同的病毒扫描策略，如配置响应方式、限制扫描文件大小、根据文件类型进行扫描等。发现病毒后能采用邮件宣告说明、Web 页面推送等手段有效通知用户。可将策略应用到特定的接口对上，减小全局扫描带来的性能消耗。

病毒库可以在线升级，用户可让 NIP5000 在设定的时间点自主连接安全服务中心对病毒库进行自动升级，也可手动实时升级病毒库。对于 NIP5000 无法连接到互联网上的安全服务中心的情况，用户可从安全服务中心获得病毒库的升级包，将升级包下载到 NIP5000，再进行本地脱机升级。此外，病毒库还支持版本回退。

9）应用识别和控制

NIP5000 利用业务感知技术检测和识别经过设备的报文的应用层协议，从而实现对报文的管理和控制。

NIP5000 通过分析经过设备的网络数据包，并和应用控制知识库进行比对，识别出游戏、股票、P2P、IM、VoIP 等多种类型的网络数据流量，不仅提升了网络可视化管理体验，而且可以根据不同的分类实施相应的策略控制。

NIP5000 提供了灵活的应用流量控制手段，管理员可以精细设定什么人可以在什么时间使用怎样的应用。应用流量控制方式支持阻断和限流，用户可以在策略中设定是否允许某类应用的使用，也可以设定某类应用占用的网络带宽上限。通过这个功能，网络管理员可以获得最大的网络流量可视化。

10）异常流量防护

NIP5000 具有流量模型自学习能力，并基于层层过滤的异常流量清洗思路，采用静态过滤、源合法性认证、行为分析、基于会话的防范和特征识别过滤五种技术，实现对多种 DoS/DDoS 攻击流量的精确清洗。

NIP5000 为了达到更好的 DoS 和 DDoS 的防护效果，采用了多种先进的检测技术和算法。以下主要就 DDoS 防护中采用的一些高级防御技术逐一进行介绍。

（1）动态流量基线

传统的入侵防护产品提供的 DDoS 攻击检测实质上就是对流量进行分类统计，然后和预先配置的阈值进行比较，如果超过阈值则认为流量发生异常，然后进行防御动作。这是一种静态基线的方法，显然，在这种方式下，攻击检测是否准确取决于检测阈值配置是否合理，而其合理性完全取决于配置人员的经验。

而 NIP5000 则可对用户网络流量按时间进行统计比较，取学习周期内的最大值作为基值，再加上容忍度（以防止流量瞬时的抖动引起的误判）计算得来的值作为检测阈值。当用户网络流量模型发生变化后，可以重新启动流量自学习，以获取合适的检测阈值，因此该技术称为动态流量基线。

采用动态流量基线后，检测和防御的准确度得到大幅提升，同时也降低了部署和使用的难度。

（2）层层过滤技术

NIP5000 采用层层过滤技术，提供了强大的 DoS 和 DDoS 防护，实现对防护对象的精细化防护，包括基于黑白名单实现静态过滤和基于防护对象的精细化防范。

11）日志与报表

NIP5000 运行过程中产生的日志会发送到 NIP Manager，NIP Manager 对日志汇总、分析后生成报表，帮助管理员及时了解网络整体情况。

为提供可视化的管理体验，NIP5000 自带的嵌入式 Web 界面提供了简单报表，包括异常流量统计、威胁防护严重性统计、大类应用协议比例统计、威胁防护攻击事件 Top10 和病毒事件 Top10 共五类统计信息，帮助管理员及时了解网络的状态。而且，NIP5000 配套的 B/S 架构的专业网管系统 NIP Manager 提供了复杂的统计报表，支持多种输出格式，同时具有柱状图、饼状图和曲线图等丰富的表现形式；提供异常流量、威胁防护、应用控制、反病毒的多维度报表，也提供所有特性融合的一体化报表，从不同粒度和不同维度全面展示网络实时状况、历史信息及检测到的各种攻击排名、流量趋势走向，方便管理员及时了解网络的流量情况和面临的威胁，对网络加固和 IT 活动实施予以指导。

12）高可靠性

NIP5000 通过设备级和网络级的多种可靠性手段来保证业务的连续性。

（1）设备级高可靠性

NIP5000 采用专门设计的硬件系统，支持温度监控、风扇热插拔，可适应恶劣环境应用。电源模块采用双电源，两个电源模块可以互相热备份，并且支持热插拔，电源倒换时不影响系统运行。按照电信级产品的要求设计，满足了网络对设备的高可靠性要求。

（2）网络级高可靠性

➤ 双机热备

NIP5000 支持双机热备份组网，NIP5000 支持 HRP（Huawei Redundancy

Protocol）协议，此时一个备份组内包括一个主用设备和一个备用设备。HRP 协议负责在主/备设备之间备份关键配置命令和会话表状态信息，从而确保主用设备出现故障时能由备用设备平滑地接替工作。

> Bypass 接口卡

NIP5000 支持插入 Bypass 接口卡，当 NIP5000 出现故障时，Bypass 接口卡将 NIP5000 的上下游设备直接相连，保证业务不中断；当故障排除后，所有流量恢复由 NIP5000 处理后再发送，保证业务的安全性。

5.2　绿盟 NIPS 网络入侵防御系统

5.2.1　产品简介

绿盟网络入侵防御系统（NSFOCUS Network Intrusion Prevention System, NSFOCUS NIPS）是绿盟科技自主知识产权的新一代安全产品，作为一种在线部署的产品，其设计目标旨在准确监测网络异常流量，自动对各类攻击性的流量，尤其是应用层的威胁进行实时阻断，而不是在监测到恶意流量的同时或之后才发出告警。这类产品弥补了防火墙、入侵检测等产品的不足，提供动态的、深度的、主动的安全防御，为企业提供了一个全新的入侵保护解决方案。

绿盟网络入侵防御系统是网络入侵防御系统同类产品中的精品典范，该产品高度融合高性能、高安全性、高可靠性和易操作性等特性，产品内置先进的 Web 信誉机制，同时具备深度入侵防护、精细流量控制，以及全面用户上网行为监管等多项功能，能够为用户提供深度攻击防御和应用带宽保护的完美价值体验。

NIPS 万兆是绿盟性能最高的一款 NIPS 设备：NIPS 引擎模块，2U，含交流冗余电源模块，2*USB 接口，1*RJ-45 串口，2*GE 管理口，4*万兆 SFP+多模光纤接口，3 个接口扩展槽位，可选配万兆链路监听扩展板卡或千兆链路监听扩展板卡，标准配置提供 1 路或 2 路万兆 NIPS 防护。

5.2.2　体系结构

NSFOCUS NIPS 的体系架构包括三个主要组件：网络引擎、管理模块和安全响应模块，方便各种网络环境的灵活部署和管理。

绿盟网络入侵防御系统体系架构如图 5-2 所示。

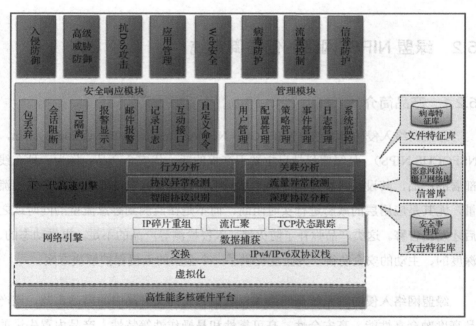

图 5-2　绿盟网络入侵防御系统体系架构

5.2.3　产品主要功能

NSFOCUS NIPS 高度融合高性能、高安全性、高可靠性和易操作性等特性，产品内置先进的信誉防护机制，同时具备深度入侵防护、高级威胁防护、精细流量控制等多项功能，能够为用户提供深度攻击防御的完美价值体验。

（1）入侵防护

实时、主动拦截黑客攻击、蠕虫、网络病毒、后门木马、DoS 等恶意流量，保护企业信息系统和网络架构免受侵害，防止操作系统和应用程序损坏或宕机。

（2）高级威胁防护

高级威胁防护能够基于敏感数据的外泄、文件识别、服务器非法外联等异常行为检测，实现内网的高级威胁防护功能。

（3）僵尸网络发现

基于实时的信誉机制，结合企业级和全球信誉库，可有效检测恶意 URI、僵尸网络，保护用户在访问被植入木马等恶意代码的网站地址时不受侵害，第一时间有效拦截 Web 威胁，并且能及时发现网络中可能出现的僵尸网络主机和 C&C 连接。

（4）流量控制

阻断一切非授权用户流量，管理合法网络资源的利用，有效保证关键应用全天候畅通无阻，通过保护关键应用带宽来不断提升企业 IT 产出率和收益率。

（5）应用管理

全面监测和管理 IM 即时通信、P2P 下载、网络游戏、在线视频及在线炒股等网络行为，协助企业辨识和限制非授权网络流量，更好地执行企业的安全策略。

5.2.4　产品特点

NSFOCUS NIPS 基于高性能硬件处理平台，为客户提供从网络层到应用层，直至内容层的深度安全防御，以下将对 NSFOCUS NIPS 的产品功能特色逐一进行介绍。

1）全新的高性能软硬件架构

NSFOCUS NIPS 采用了全新的硬件平台，全新底层转发模块、多核架构和新一代的全并行流检测引擎技术，新平台和新架构的引入优化了产品的功能，使处理性能较原来有了大幅度提升。

2）用户身份识别与控制功能

NSFOCUS NIPS 提供了用户身份识别与基于用户身份的访问控制功能，可以有效解决用户网内漫游带来的越权访问。传统 NIPS 产品基于 IP 地址进行访问控制，当非授权子网用户将终端接入到授权子网并配置为授权子网 IP 地址后即可访问和使用非授权的网络资源。结合 NSFOCUS NIPS 产品丰富的应用识别能力，可实现细粒度访问控制。

3）更精细的应用层安全控制

基于应用的识别技术是各种应用层安全防护的基础，目前各类新的应用层出不穷，如 QQ、MSN、文件共享、Web 服务、P2P 下载等，这些应用势必会带来新的、更复杂的安全风险。这些风险和应用本身密不可分，如果不结合应用来分析将无法抵御这些风险。

NSFOCUS NIPS 采用流检测技术对各类应用进行深入分析，搭建应用协议识别框架，准确识别大部分主流应用协议，可以对基于应用识别的应用进行精细粒度的管理，能够很好地对这些应用安全漏洞和利用这些漏洞的攻击进行检测和防御。

支持在 Web 界面和安全中心上配置应用管理策略，可根据应用管理策略控制应用的使用，并支持在对象中搜索名称，提高了策略配置的效率和产品易用性。

4）基于用户身份的行为分析

系统中的用户根据各自的工作职责和个人爱好都会形成各自的行为习惯，

这种行为习惯能够反映在日常的网络访问活动中。对这些网络访问活动进行分析并经过长时间的收敛，可以根据用户身份、地理位置/IP 地址、业务系统/网络应用、操作、时间、频次等条件建立用户的正常网络访问模型。建立基于正常网络访问模型的单位网络"白环境"，当检测到网络中出现了违背白环境模型的异常行为时，则对其进行深入分析，以判断是否是攻击。

NSFOCUS NIPS 在用户身份识别、应用识别的基础上，将用户身份、业务系统、地理位置、操作频次等多种与操作相关的网络环境信息进行关联分析，建立企业网络白环境，准确识别用户异常行为。

5）全面支持 IPv6

双协议栈（dual stack）架构支持 IPv6/IPv4 双协议栈功能，能同时辨识 IPv4 和 IPv6 通信流量。多种隧道模式的支持，确保 IPv6 过渡时代的网络通畅。IPv6 环境下攻击检测技术和基于 IPv6 地址格式的安全控制策略，为 IPv6 环境提供了有力的入侵防护能力，保证了在 IPv6 环境下的互联互通。

6）多种技术融合的入侵检测机制

NSFOCUS NIPS 以全面深入的协议分析为基础，融合权威专家系统、智能协议识别、协议异常检测、流量异常检测、会话关联分析，以及状态防火墙等多种技术，为客户提供从网络层、应用层到内容层的深度安全防护。

（1）智能协议识别和分析

协议识别是新一代网络安全产品的核心技术。传统安全产品如防火墙，通过协议端口映射表（或类似技术）来判断流经的网络报文属于何种协议。但事实上，协议与端口是完全无关的两个概念，我们仅仅可以认为某个协议运行在一个相对固定的默认端口。包括木马、后门在内的恶意程序，以及基于 Smart Tunnel（智能隧道）的 P2P 应用（如各种 P2P 下载工具、IP 电话等）、IMS（实时消息系统如 MSN、Yahoo Pager）、网络在线游戏等应用都可以运行在任意一个指定的端口，从而逃避传统安全产品的检测和控制。

NSFOCUS NIPS 采用独有的智能协议识别技术，通过动态分析网络报文中包含的协议特征，发现其所在协议，然后递交给相应的协议分析引擎进行处理，能够在完全不需要管理员参与的情况下，高速、准确地检测出通过动态端口或者智能隧道实施的恶意入侵，可以准确发现绑定在任意端口的各种木马、后门，对于运用 Smart Tunnel 技术的软件也能准确捕获和分析。

NSFOCUS NIPS 具备极高的检测准确率和极低的误报率，能够全面识别主流应用层协议。

（2）基于特征分析的专家系统

特征分析主要检测各类已知攻击，在全盘了解攻击特征后，制作出相应的攻击特征过滤器，对网络中传输的数据包进行高速匹配，确保能够准确、快速地检测到此类攻击。

NSFOCUS NIPS 装载权威的专家知识库，提供高品质的攻击特征介绍和分析，基于高速、智能模式匹配方法，能够精确识别各种已知攻击，包括病毒、特洛伊木马、P2P 应用、即时通信等，并通过不断升级攻击特征，保证第一时间检测到攻击行为。

绿盟科技拥有的业界权威安全漏洞研究团队 NSFOCUS 小组，致力于分析来自于全球的各类攻击威胁，并努力找到各种漏洞的修补方案，形成解药，融于 NSFOCUS NIPS 攻击特征库，以保持产品持续、先进的攻击防护能力。

（3）协议异常检测

基于特征检测（模式匹配）的 NIPS（N 系列）产品可以精确地检测出已知的攻击。通过不断升级的特征库，NIPS（N 系列）可以在第一时间检测到入侵者的攻击行为。但是，事实上，存在三个方面的因素导致协议异常的诞生。

> 厂商从提取某个攻击特征到最终用户的 NIPS（N 系列）产品升级需要一个时间间隔，在这个时间间隔内，基于特征检测的 NIPS（N 系列）产品是无法检测到黑客的该攻击行为的；

> 来自 0-day 或未公开 exploit 的隐蔽攻击即使是安全厂商往往也无法第一时间获得攻击特征，通常 NIPS（N 系列）无法检测这类具有最高风险的攻击行为；

> Internet 上蠕虫在 15 分钟内席卷全球，即使是最优秀的厂商也不能够在这么短的时间内完成对其的发现和检测。

协议异常检测是 NSFOCUS NIPS 应用的另外一项关键技术，以深度协议分析为核心的 NSFOCUS NIPS，将发现的任何违背 RFC 规定的行为视为协议异常。协议异常最为重要的作用是检测检查特定应用执行缺陷（如应用缓冲区溢出异常），或者违反特定协议规定的异常（如 RFC 异常），从而发现未知的溢出攻击、零日攻击及拒绝服务攻击。作为一项成熟的技术，协议异常检测技术使得 NSFOCUS NIPS 具有接近 100%的检测准确率和几乎为零的误报率。

（4）流量异常检测

流量异常检测主要通过学习和调整特定网络环境下的"正常流量"值，来发现非预期的异常流量。一旦正常流量被设定为基准（baseline），NSFOCUS NIPS 会将网络中传输的数据包与这个基准做比较，如果实际网络流量统计结果与基准达到一定的偏离，则产生警报。在内置流量建模机制的同时，NSFOCUS NIPS 还提供可调整的门限阈值，供网管员针对具体环境做进一步调整，避免因为单纯的流量过大而产生误报。

流量异常检测和过滤机制使得 NSFOCUS NIPS 可以有效抵御分布式拒绝服务攻击（DDoS）、未知的蠕虫、流氓流量和其他零日攻击。

7）2～7 层深度入侵防护能力

（1）业界领先的安全漏洞研究能力

绿盟科技作为微软的 MAPP（Microsoft Active Protections Program）项目合作伙伴，可以在微软每月发布安全更新之前获得漏洞信息，为客户提供更及时有效的保护。

公司的安全研究部门 NSFOCUS 小组已经独立发现了 40 多个 Microsoft、HP、CISCO、SUN、Juniper 等国际著名厂商的重大安全漏洞，保证了 NSFOCUS NIPS 技术的领先和规则库的及时更新，在受到攻击以前就能够提供前瞻性的保护。

（2）高品质攻击特征库

覆盖广泛的攻击特征库携带超过 3000 条由 NSFOCUS 安全小组精心提炼、经过时间考验的攻击特征，并通过国际最著名的安全漏洞库 CVE 严格的兼容性标准评审，获得最高级别的 CVE 兼容性认证（CVE Compatible）。绿盟科技每周定期提供攻击特征库的升级更新，在紧急情况下可提供即时更新。

（3）广泛精细的攻击检测和防御能力

NSFOCUS NIPS 主动防御已知和未知攻击，实时阻断各种黑客攻击，如缓冲区溢出、SQL 注入、暴力猜测、拒绝服务、扫描探测、非授权访问、蠕虫病毒、僵尸网络等，广泛精细的应用防护帮助客户避免安全损失。

NSFOCUS NIPS 同时具备全面阻止木马后门、广告软件、间谍软件等恶意程序下载和扩散的功能，有助于企业降低 IT 成本、防止潜在的隐私侵犯和保护机密信息。

（4）IP 碎片重组与 TCP 流汇聚

NSFOCUS NIPS 具有强大的 IP 碎片重组、TCP 流汇聚，以及数据流状态跟踪等能力，能够检测到黑客采用任意分片方式进行的攻击。

（5）虚拟补丁

NSFOCUS NIPS 提供"虚拟补丁"功能，在紧急漏洞出现而系统仍不具备有效补丁解决方案时，为客户提供实时防御，增强了客户应对突发威胁的能力，在厂商就新漏洞提供补丁和更新之前确保企业信息系统的安全。

（6）强大的 DoS 攻击防护能力

NSFOCUS NIPS 能够全面抵御 ICMP Flood、UDP Flood、ACK Flood 等常见的 DoS 攻击，阻挡或限制未经授权的应用程序触发的带宽消耗，极大限度地减轻 DoS 攻击对网络带来的危害。

（7）应用客户端的漏洞防护能力

内置最新的基于应用客户端的漏洞防护规则，绿盟攻防研究团队对客户端易受漏洞攻击的应用进行了长期的跟踪和研究，积累了大量的经验成果，并转化为产品规则，有力提升了产品的内网入侵防护能力。

8）先进的 Web 威胁抵御能力

越来越多的病毒、木马等恶意代码将基于 HTTP 方式传播，新一代的 Web 威胁具备混合性、渗透性和利益驱动性，成为当前增长最快的风险因素。员工对互联网的依赖性使得企业网络更容易受到攻击，导致用户信息受到危害，对公司数据资产和关键业务构成极大威胁。

NSFOCUS NIPS 内置先进、可靠的 Web 信誉机制，采用独特的 Web 信誉评价技术和 URL 过滤技术，在用户访问被植入木马的页面时，给予及时报警和阻断，能够有效抵御 Web 安全威胁渗入企业内网，防止潜在的隐私侵犯，保护企业机密信息。

9）恶意文件防御和取证能力

网络中存在大量恶意文件，通过网站文件服务器、邮件服务器实现传播，对企业网络安全构成潜在威胁。NSFOCUS NIPS 采用流式技术对网络中传送的文件进行快速检测，比对文件信誉，对发现的恶意文件进行告警和阻断，同时还能够将恶意文件进行还原保存，用于恶意行为分析，还可以实现取证调查工作。

10）基于应用的流量管理

NSFOCUS NIPS 提供强大、灵活的流量管理功能，采用全局维度（协议/端口）、局部维度（源/目的 IP 地址、用户、网段）、时间维度（时间）、流量纬度（带宽）等流量控制四元组，实现基于内容、面向对象的流量保护策略。

NSFOCUS NIPS 智能识别并分类各类应用后，通过流量许可和优先级控制，阻断一切非授权用户流量，管理合法网络资源的利用，使得网络中不同类型的流量具有更合理的比例和分布，并结合最小带宽保证及最大带宽和会话限制，有效保证关键应用全天候畅通无阻。

11）部署极其简便

（1）零配置上线

零配置上线即设备在出厂状态下不用做任何配置，联通一对网口即可上线工作并能取得理想的防护效果。

（2）简便的策略管理

客户的网络拓扑环境和资产防护类型千差万别，如何能根据自己网络的应用情况简单配置各种入侵防护策略并取得最好的防护效果，是客户面临的一个比较大的问题。

NSFOCUS NIPS 内置了多种高效的规则模板，便于用户依照不同的网络环境有选择地使用，以达到策略管理的最简化和防护效果的最大化。例如，系统默认规则模板根据防护的资产类型有 Web 服务器模板、Windows 服务器模板、UNIX 服务器模板、通用服务器模板。用户可通过自身网络的资产防护对象来选择使用，并且还可以通过系统提供的多种自定义方式建立个性的防护模板，最终达到更好的防护效果。

这些高效的系统策略模板的建立方式和技术原理介绍如下：

➢ 高级规则动作判定算法保证了规则防护和分类的有效性。

规则配置文件中会以标签形式新增四个标签，分别是规则类型、可靠度、攻防相关事件类型、策略模板类型，其中会根据可靠度和事件类型标签生成策略模板中各个规则动作（即阻断和告警），规则配置文件采用了多重判断和算法叠加的方式进行自动生成。

➢ 规则自动加权算法保证规则的可靠性。

独创的绿盟规则加权分类算法，通过加权机制，依照不同的分类属性、特征匹配度综合判断规则的可靠性并赋值，以不同的权值再次进行规则分类和分组以保证规则的可靠性。

12）强大的管理能力

（1）灵活的 Web 管理方式

NSFOCUS NIPS 支持灵活的 Web 管理方式，适合在任何 IP 可达地点远程管理，支持 MS IE、Netscape、Firefox、Opera 等主流的浏览器，真正意义上实现了跨平台管理。

（2）丰富的多级管理方式

NSFOCUS NIPS 支持三种管理模式：单级管理、多级管理、主辅管理，满足不同企业不同管理模式的需要。

> 单级管理模式：安全中心直接管理网络引擎，一个安全中心可以管理多台网络引擎。适合小型企业，用于局域网络。

> 主辅管理模式：网络引擎同时接受一个主安全中心和多个辅助安全中心的管理。主安全中心可以完全控制网络引擎；辅助安全中心只能接受网络引擎发送的日志信息，不能操作网络引擎。适合大型企业或者有分权管理需求的用户。

> 多级管理模式：安全中心支持任意层次的级联部署，实现多级管理。上级安全中心可以将最新的升级补丁、规则模板文件等统一发送到下级安全中心，保持整个系统的完整统一性；下级安全中心可以通过配置过滤器，使上级安全中心只接收它关心的信息。适合跨广域网的大型企业用户。

（3）带外管理（OOB）功能

NSFOCUS NIPS 提供带外管理（OOB）功能，解决远程应急管理的需求，减少客户运营成本、提高运营效率、减少宕机时间、提高服务质量。

（4）升级管理

NSFOCUS NIPS 支持多种升级方式，包括实时在线升级、自动在线升级、离线升级，使 NIPS（N 系列）提供最前沿的安全保障。

13）完善的报表系统

（1）高品质的报表事件

NSFOCUS NIPS 事件过滤系统支持采用攻击发生时间范围、事件名称、事件类别、所属服务、源网络范围、目的网络范围、触发探测器、攻击结果、事件动作等多种粒度过滤探测器所产生的告警日志，仅记录相关的攻击告警事件，极大地减少了攻击告警的数量，提高了对于高风险攻击的反应速度。

（2）多样化的综合报表

NSFOCUS NIPS 报表系统提供了详细的综合报表，自定义三种类型 10 多个类别的报表模板，支持生成日、周、月、季度、年度综合报表。报表支持 MS Word、Html、JPG 格式导出。同时支持定时通过电子邮件发送报表至系统管理员。

（3）强大的"零管理"

从实时升级系统到报表系统，从攻击告警到日志备份，NSFOCUS NIPS 完全支持零管理技术。所有管理员日常需要进行的操作均可由系统定时自动后台运行，极大地降低了维护费用与管理员的工作强度。

14）完备的高可用性

（1）丰富的 HA 部署能力

NSFOCUS NIPS 具备基于会话、配置等信息同步的 HA 部署能力，支持 A/A 和 A/S 两种部署方式，在出现设备宕机、端口失效等故障时，能够完成主机和备机的即时切换，确保关键应用的持续正常运转。

（2）完整的 Bypass 解决方案

IPS 作为一种在线串联部署设备，首先要确保客户业务数据畅通，而完备的 Bypass 解决方案保证了设备出现故障时基础网络依然畅通，确保了客户基础业务数据不受影响。

NSFOCUS NIPS 的 Bypass 特性由以下三部分组成，由此形成一套完整的 Bypass 解决方案：

➢ 提供硬件 Bypass 功能，IPS 在出现硬件故障或意外事故时（意外掉电、意外重启、硬件宕机等），数据会自动切换到 Bypass 转发，保证了业务的连续性。

➢ 提供软件 Bypass 功能，系统软件故障时，自动实现旁路保护，避免网络中断等事故的发生。软件 Bypass 工作流程描述：系统内置安全和数通引擎，通过心跳交互，当数通引擎检测到安全引擎更新心跳超时后，不会再将包交给安全引擎进行处理，而是将等待安全引擎处理队列中的包和新收到的包直接进行转发，以保障网络畅通，如图 5-3 所示。

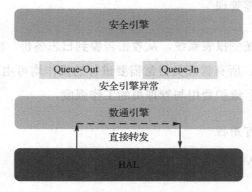

图 5-3　软件 Bypass

➢ 支持外置 Bypass 硬件设备部署，如光 Bypass 交换机等，扩展形成完整的 Bypass 解决方案。

（3）过载保护能力

当 IPS 部署环境流量超过设备安全引擎所能承受的最大处理能力时，为保障客户网络畅通所采用的一种保护措施。它的作用是尽量降低网络延时，减少因安全引擎性能问题造成的网络丢包。

（4）冗余电源支持

NSFOCUS NIPS 支持热插拔的冗余双电源，避免电源硬件故障时设备宕机，提高设备可用性。

15）丰富的响应方式

NSFOCUS NIPS 提供丰富的响应方式，包括：丢弃数据包、阻断会话、IP 隔离、邮件报警、短信报警、安全中心显示、日志数据库记录、运行用户自定义命令等，同时提供标准 snmp trap（V1、V2、V3）和 syslog 接口，可接受第三方管理平台的安全事件集中监控、报告和管理。支持 CEF 通用事件格式，能够与 ArcSight 无缝融合。

16）高可靠的自身安全性

（1）安全可靠的系统平台

NSFOCUS NIPS 采用安全可靠的硬件平台，全内置封闭式结构，配置完全自主知识产权的专用系统，经过优化和安全性处理，稳定可靠。系统内各组件通过强加密的 SSL 安全通道进行通信，防止窃听，确保了整个系统的安全性和抗毁性。

（2）用户权限分级管理

NSFOCUS NIPS 安全中心身份验证系统采用独立于操作系统的权限管理系统，管理权限与审计权限独立，提供对系统使用情况的全面监管和审计。

（3）实时日志归并

NSFOCUS NIPS 归并引擎由规则驱动，可以执行任意粒度的日志归并动作，完全避免 Stick 此类 Anti-NIPS（N 系列）攻击。

（4）多点备份

NSFOCUS NIPS 的探测引擎可以将攻击告警日志实时发送到多个绿盟安全中心或日志数据库保存，避免因数据损坏或丢失而导致系统不可用的事故发生。

17）威胁可视化

IPS 为探针的形态生成的告警日志信息上传到 BSA，配置 ESPC 实现资产识别信息同步给 BSA，以资产域范围分析告警日志，实现日志关联分析、威胁分析、异常流量检测和分析、异常流量实时展示等功能，实现威胁态势的感知和可视化功能。

（1）攻击态势

动态实时展示全球攻击信息、攻击源、被攻击目的、攻击次数及攻击类型。

（2）威胁态势

基于多个维度的攻击类型日志的统计，展示基于时间和攻击日志次数的攻击曲线图。通过日志关联分析生成威胁事件统计。

（3）资产识别

能够识别资产域中各个资产的状态信息，统计分析使用杀软信息、浏览器信息、操作系统分布情况，以及查看在线资产状态。

（4）流量信息

通过自动学习历史流量信息，建立异常流量阈值模型，图形化展示实时流量大小是否存在异常，以及协议和应用分布详情。

5.3　网神 SecIPS 入侵防御系统

5.3.1　产品简介

针对日趋复杂的应用安全威胁和混合型网络攻击，网神推出了完善的安全防护方案。网神入侵防御系统全线产品采用多核芯片，基于自主研发、充分利用多核优势的 SecOS 软件系统，采用多层次深度检测技术和多扫描引擎负载分担与备份技术，完全满足当前网络带宽和网络攻击泛滥、应用越来越复杂的趋势和需求。

　　网神 SecIPS 3600 入侵防御系统（简称"网神 IPS"）弥补了防火墙、入侵检测等产品的不足，将深度内容检测、安全防护、上网行为管理等技术完美地结合在一起。配合实时更新的入侵攻击特征库，可检测防护数千种的网络攻击行为，包括木马、间谍软件、可疑代码、探测与扫描等各种网络威胁，并具有丰富的上网行为管理，可对聊天、在线游戏、虚拟通道等内网访问实现细粒度管理控制，从而很好地提供动态、主动、深度的安全防御。

5.3.2　关键技术

1）并行计算技术

网神的并行计算技术支持多种硬件架构：单 CPU、SMP、CMP 和框架式。

> 单 CPU 体系结构：由于受制于单 CPU 处理能力，很难满足当前对高性能的需求。
> SMP 方式：由于目前还没有比较高效的 CPU 调度算法，另外，复杂的调度算法本身就要耗费大量的 CPU 资源，所以，要提高整个系统的性能，也不是非常理想的方式。
> CMP 硬件架构：在同一个芯片中集成了多个处理器，而且有些芯片厂商比如 RMI 还可以充分利用硬件线程，使得同一个芯片中实际 CPU 更多。

由于 CMP 结构已经被划分成多个处理器核来设计，每个核都比较简单，有利于优化设计，因此更有发展前途。多核处理器可以在处理器内部共享缓存，提高缓存利用率，同时简化多处理器系统设计的复杂度。图 5-4 表示了一个典型的 CMP 硬件架构。

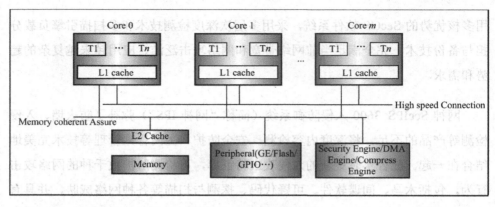

图 5-4　CMP 硬件架构

那么，软件如何充分利用多核硬件架构以提升性能呢？

图 5-5 是网神 SecOS 系统平台内部逻辑结构，它把最耗费 CPU 资源的网络数据处理放在数据平面，由多个 CPU 并行处理。

如图 5-5 所示，SecOS 系统被划分为控制平面（Control Plane）、数据平面（Data Plane）及硬件抽象层。控制平面主要负责对系统管理、协议处理、数据转发进行控制；数据平面专门负责数据转发、安全过滤业务处理，TCP/IP 协议栈的 2、3、4 层均在数据平面进行处理，每个 Core 均实现了 IPv4、IPv6、MPLS 引擎，可以并行处理网络数据包；硬件抽象层通过利用虚拟化技术将底层无论是 X86、MIPS、ARM 还是 VM 虚拟平台、docker 容器技术都进行统一硬件抽象，使上层应用对底层硬件无感知，不需要关注底层的硬件关系；系统虚拟层由租户隔离、Rabbit 模块通信、虚拟化和 HAL 硬件抽象层组成，主要为控制平面和数据平面提供统一的系统服务接口，包括内存管理、时钟管理、任务管理、中断管理、文件系统管理、设备管理等；底层驱动和 BSP 负责各种设备的初始化、寄存器设置和控制以及报文收发控制等，BSP 是介于主板硬件和操作系统之间的板级支持包，属于操作系统的一部分，使之能够更好地运行于硬件主板。

软件平台充分利用多核硬件架构以达到高性能的主要技术如下：

➢ 数据平面并行处理数据报文。

➢ 采用巧妙的数据分流技术，使得数据报文被均衡地分配到并行处理器。

➢ 尽量避免发送出去的报文乱序，如果乱序，由数据平面的保序模块处理后
再发送出去以保证设备发送到网络的报文是有序的，以免影响整个网络和
一些网络应用程序的正常运行。

➢ 实现流引擎转发和处理，同时提供快速转发路径，流转发确保安全防护得
到保证，快速转发确保处理高性能。

➢ 数据平面支持二次分发，当系统发现某个 CPU 负荷太重的时候将启动二
次分发机制，把部分报文分发到负荷较轻的 CPU 上继续处理。

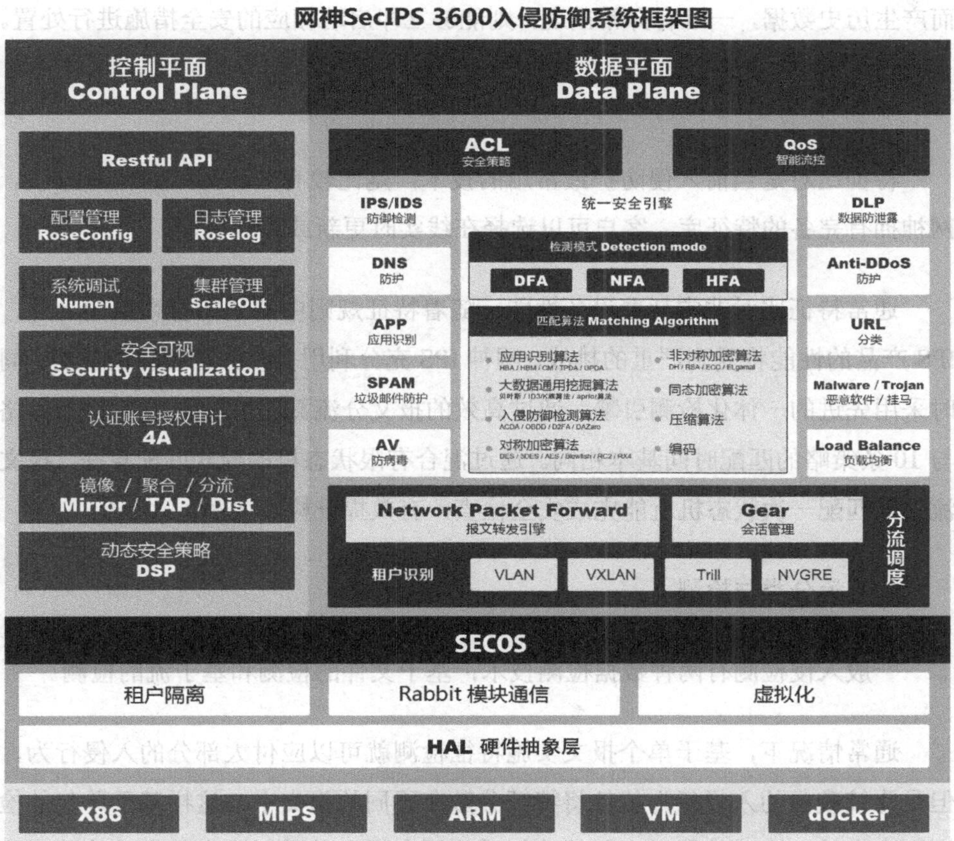

网神SecIPS 3600入侵防御系统框架图

图 5-5　网神 SecOS 系统平台内部逻辑结构

2）入侵检测技术

常见的网络入侵通常采用下面几种技术：漏洞攻击、木马植入、间谍软件和蠕虫传播。网神 IPS 综合运用多种技术来做到有效检测并及时阻断入侵事件的发生。

（1）流量学习

入侵行为一般都会与正常流量或报文特征存在一定的差异，但同样入侵手法并非一成不变，网络黑客会根据情况不断地变化攻击入侵手法从而试图绕过安全设备的检测和阻断。网神 IPS 可以针对正常网络的行为特征进行学习，从而产生历史数据，一旦有异常出现，则能够立即启动相应的安全措施进行处置。

（2）特征比对

特征比对是当前入侵防护最常用的技术，是比较有效和高效的检测方法。网神拥有完备的特征库，客户可以选择在线实时更新或离线更新。

通常特征比对非常耗费设备性能，随着特征规则中的通配符数量的上升，IPS 产品的性能将受到严重的挑战。网神 IPS 充分利用多核并行计算的优势，同时采用先进的一体化检测引擎，通过高效的报文分流算法可以保证 1 万条策略与 10 条策略的匹配时间基本相同。通过混合有限状态机的模式匹配算法，报文流只需匹配一次状态机就能完成安全检查，有效提升检测效率。

（3）流分类与检测

一般入侵检测有两种数据检测技术：基于文件的检测和基于流的检测。

通常情况下，基于单个报文实施特征检测就可以应付大部分的入侵行为，但是比较狡猾的入侵行为往往将特征分散在不同的报文中，这样基于单包的检测则会失效，这时就得要求入侵防御系统缓存报文并重组成文件实施检测。这种技术的优点是检测准确率较高，缺点是入侵防御系统往往由于性能不足、实时性较差而成为网络中的瓶颈。而基于流特征的检测，克服了基于文件检测的实时性较差和基于单包检测的准确性较差的缺陷。网神 IPS 结合自身 ACL 的高效分流技术和 Session 的状态跟踪技术，通过跨包检测、关联分析和"零"缓存技术，在基于流的检测方面取得了很好的效果。

3）抗 DDoS 攻击技术

网神 IPS 采用独创的多核并行计算算法和智能防护算法，对攻击行为进行智能分析，动态形成攻击特征库，可有效防护 SYN Flood、UDP Flood、ICMP Flood 等 20 多种攻击，保障正常业务不受影响。

网神 IPS 的抗 DDoS 功能模块采用如下多种防护技术：

➢ 特征识别：通过分析网络流量特征，与特征库比对扫描，可以有效识别常用的攻击。

➢ 反探校验：在识别和判断是否是攻击的时候，可以验证源地址和连接的有效性，防止伪造源地址和连接的攻击。

➢ 状态监测：支持简单包过滤、状态包过滤和动态包过滤，根据五元组信息进行访问控制。

➢ 智能学习：网神 IPS 的防护采用多种算法，除了传统的统计丢包算法外，还通过智能学习、关联分析等算法使得 SYN Flood/UDP Flood 等具有良好的效果。检查通信过程是否符合 TCP/IP 协议的完整性，并对 HTTP、DNS、P2P 等协议进行深度分析，支持对 SYN/SYN ACK/ACK Flood 攻击、HTTP Get Flood 攻击、DNS Query Flood 攻击、CC 攻击的防护，支持 BT、电驴等 P2P 协议的识别、阻断和限制。

➢ 连接限制：支持对具体 IP 的并发连接和新建连接限制，可根据五元组限制并发连接总数和新建连接速率限制，可防止大规模攻击和蠕虫扩散的发生。

➢ 流量控制：通过内置的 QoS 硬件引擎，支持最大带宽、优先级，从而有效实施网络资源的合理分配。

5.3.3　产品主要功能

（1）网络适用性

➢ 工作模式：支持透明、路由、混合三种工作模式。

➢ 路由：支持静态路由、策略路由、OSPF 路由、BGP 路由等。

➢ NAT：支持静态 NAT、动态 NAT、网络地址端口转换 NPAT。

➢ VLAN：支持 802.1Q。

➢ 802.3ad：支持链路 802.3ad 聚合。

➢ ARP：支持静态 ARP 和 Gratuitous ARP 设置，以及动态 ARP 显示。

（2）入侵检测功能

➢ 入侵检测技术：支持基于 IP 碎片重组、TCP 流重组、会话状态跟踪、应用层协议解码等数据流处理方式的攻击识别；支持模式匹配、异常检测、统计分析，以及抗 IDS/IPS 逃逸等多种检测技术。

➢ 协议分析：可依据端口识别协议类型，可分析 HTTP、SMTP、POP3、FTP、Telnet、VLAN、MPLS、ARP、GRE 等多种协议。

➢ 特征规则：内置攻击特征库，特征数量超过 3500 条，并可自定义攻击特征，可阻挡蠕虫、木马、间谍软件、广告软件、缓冲区溢出、扫描、非法连接、SQL 注入、XSS 跨站脚本等多种攻击。

➢ IP/MAC 绑定：可绑定 IP/MAC 地址，且可自动探测和进行唯一性检查。

➢ 会话数限制：可控制 ACL 策略的会话数，实现会话数统计和控制两种功能，控制粒度到单个 IP。

➢ 黑名单：可根据报文的源 IP 地址进行过滤。

（3）抗 3~7 层 DDoS

➢ 抗应用型攻击：包括 Web cc、http get flood、DNS query flood 等攻击。

➢ 抗流量型攻击：包括 SYN Flood、UDP Flood、ICMP Flood、ARP Flood、

Frag Flood、Stream Flood 等攻击。

➤ 抗蠕虫连接型攻击：可基于 ACL 或者源或目地 IP 地址进行连接数统计和控制。

➤ 抗普通常见攻击：包括 ipspoof、sroute、land、TCP 标志位攻击、fraggle 攻击、winnuke、queso、sf_scan、null_scan、xmas_scan、ping-of-death、smurf、arp-reverse-query、arp-spoofing，支持对超大 ICMP 报文实施控制。

（4）安全可视

➤ 流量分析：可高速分析与统计 2～7 层网络流量。

➤ 攻击事件显示：实时显示攻击事件（包括事件名称、发生时间、事件类别、源地址、目的地址）。可按照时段（小时、天、周）进行分类统计和严重程度统计。

➤ 流量统计：提供多种统计方式，如显示接口 IN/OUT 流量图、显示流入/流出最活跃的 IP 地址、Top10 应用分布图等。

➤ 报表分析：提供多种报表，可依据安全事件分类、TOP N、报表类型和报表文件类型自定义报表并显示。

➤ 告警通知：可对安全威胁事件进行告警，并以 E-mail 等方式通知管理员。

（5）流量管控与优化

➤ 流量分类：采用基于优化的高速流匹配技术，以多种依据（如 IP 地址、网络协议、应用协议）对流量进行分类。

➤ 流量控制：支持一条策略即可实现针对每个用户/IP 的细粒度带宽控制；支持针对上/下行带宽分别进行实时流量控制。

➤ 流量镜像：支持将流量通过镜像口镜像出去，供第三方设备存储、分析、审计等。

➤ 优先级设定：支持对通过设备的 IP 报文修改 IP 优先级、ToS 字段以达到优化整网带宽的目的。

（6）高可靠性

➤ 双机热备：支持 A-A 和 A-S 模式的双机热备，且切换时间小于 1 秒。

➤ HA 监控：支持 HA 状态实时查看。

➤ 同步：支持配置同步、session 同步。

（7）安全管理

➤ 管理方式：支持友好的中文 Web 图形界面配置，支持 Telnet、SSH、串口
登录命令行模式配置。

➤ 系统监控：包括 CPU 利用率、内存利用率、接口流量、会话查询。

➤ 网络工具：通过 Ping、Traceroute 测试手段判断网络和应用的联通性。

➤ 用户管理权限：支持多级用户管理权限。

5.4　捷普 IPS 入侵防御系统

5.4.1　产品简介

捷普全新一代入侵防御系统（IPS）提供了全面、稳定、完善的入侵防御解决方案，为企业、政府和服务供应商提供关键业务的在线、实时防护。5000+的攻击规则库，能够全面抵御蠕虫、病毒、木马、间谍软件等恶意程序，并实时检测和阻断溢出攻击、RPC 攻击、拒绝服务攻击、Web CGI 攻击、SQL 注入、APT 等各类新型攻击，为网络设备、虚拟机、操作系统和关键应用提供安全保护。捷普入侵防御系统在抵御黑客攻击的同时，还能精确管控如 P2P 下载、恶意网站、IM 即时通信、在线视频、网络游戏等网络行为，进一步提升企业员工的工作效率和消除安全隐患。

5.4.2　体系结构

捷普 IPS 体系结构借鉴 Linux 系统设计理念，将数据平面和控制平面进行

解耦，转发快、稳定性高，如图 5-6 所示。

控制管理中心负责业务配置管理，告警评估中心主要负责数据的分析与信息展示。

多核并行检测引擎：多个检测引擎间零拷贝，采用负载均衡方式智能动态分派任务到各个检测引擎上。

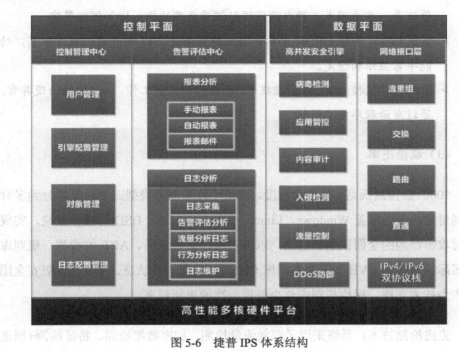

图 5-6　捷普 IPS 体系结构

5.4.3　产品特点

（1）多核并行处理架构

基于多核处理架构和动态处理器负载均衡技术，保证系统的高性能实时检测和防御，通过 Web 安全检测、病毒检测、各种攻击检测、DPI 深度检测等多引擎自由协商调度先进技术，提供多层次立体化防护，并实现对网络数据的高性能实时检测和防御，检测性能超过 20Gbps。

（2）高可用性

➤ Bypass：软件 Bypass，设备 CPU 过载时可自动切换成 Bypass 模式，保证网络畅通；硬件 Bypass，异常断电时，保证网络流量透明转发。

➤ HA 部署：主备模式，两台设备进行热备，一台故障时，另外一台自动接管流量；主主模式，两台设备进行流量负载均衡，增加链路带宽。

➤ 系统架构：多核 DPDK 架构，自主操作系统，17 年开发、商用积累，功能丰富且结构稳定。

➤ 检测引擎监控：芯片级监控技术，确保引擎正常工作，一旦运转出现异常，通过激活程序重启引擎。

（3）高检出率

5000+条检测规则，从危险程度、攻击手段和服务类型三个角度划分为多种规则对象；全面覆盖 Windows、Linux、Solaris、ALX、BSD 等操作系统，实现了对攻击行为的全面识别和检测，以及对流行病毒木马、APT 的检测；规则库经国际权威组织 CVE 及国家漏洞库 CNNVD 的兼容性认证。专业的攻防安全团队作为技术支撑，保持规则库至少每周一次的更新频率。

先进检测技术：系统采用了双向流量检测、加密数据检测、特征检测+原理检测等技术，可全面检测攻击。采用先进的反规避检测手段，有效对抗分片、分段逃逸攻击。

（4）无线防护

对无线工作站与 AP 间的访问进行控制，支持无线 MAC 地址绑定，阻止非授权用户接入，阻止非法 AP。可智能扫描无线网络，并对无线网络进行实时监控。

（5）先进的 DDoS 防护

全面防御 SYN Flood、ICMP Flood、UDP Flood、Winnuke、TcpScan、CC 攻击及 DNS、SNMP、NTP 等协议的放大攻击，可有效区分攻击流量和业务流量。可对连接数进行限制，可设置链接超时时间，使攻击连接快速老化，减小对正常业务的影响。

（6）良好的网络适应能力

能适应非对称链路环境，保障检测流量的完整性，减少漏报；可部署于 IPv6、VLAN Trunk、QINQ、3G、无线等环境中；通过链路聚合、端口联动，提高网络灾后恢复能力。

（7）全面深入的应用层协议识别与分析

捷普入侵防御系统全面深入的协议识别与分析技术能够分析近 100 种应用层协议，包括 HTTP、FTP、SMTP、POP3 等，极大提高检测的准确性，降低误报率；能够识别 100 多种包括木马、后门、IM 即时聊天、网络游戏、网络视频在内的应用层协议。可有效检测通过动态端口或智能隧道等进行的恶意入侵，且能更好地提高检测效率和准确率。

（8）有针对性的网络行为监控能力

捷普入侵防御系统能对协议进行还原及回放（可还原 HTTP、SMTP、POP3、IMAP、FTP、TELNET 协议），文件还原后进行病毒扫描，更加有效地监控网络活动行为。

（9）攻击事件地图

传统的 IPS 攻击主要是各种事件的列表展示，捷普 IPS 为了便于用户的展示分析，开发了攻击大屏展示。通过该技术，把攻击可视化，通过结合全球地图和不同颜色线条，能够动态地展示出攻击的发起城市、被攻击城市、攻击的频率、是否高危等，用户可以一目了然地了解目前的攻击状况。

5.4.4　产品主要功能

（1）入侵检测与防御

采用先进的基于目标系统的流重组检测引擎，从根源上彻底阻断 TCP 流分段重叠攻击行为。智能资产关联，将检测事件与资产实际情况结合，提高检测准确度。逻辑关联，将事件进行归并处理，可有效解决海量日志问题。JIPS 拥有 5000+条攻击规则，有效地保证了检出率。

全面支持 DoS/DDoS 防御，可防御 SYN Flood、ICMP Flood、UDP Flood、Winnuke、TcpScan 及 CC 攻击，支持 DNS、SNMP、NTP 等协议的放大攻击的检测与防御，对连接数进行限制，并可设置链接超时时间，让攻击连接快速老化，减小对正常业务的影响。提供异常流量自学习功能，根据用户实际业务情况推荐 DoS/DDoS 防御策略。

（2）应用管控

能够识别包括传统协议、P2P 下载、股票交易、即时通信、流媒体、网络游戏、网络视频等在内的超过 1200 种网络应用，用户可以轻松判断网络中的各种带宽滥用行为，继而采取包括阻断、限制连接数、限制流量等各种控制手段，确保网络业务通畅。

（3）病毒检测

采用基于数据流的检测技术，能够检测包括木马、后门和蠕虫在内的各类网络病毒。与传统的防病毒网关不同，不需要依据透明代理还原文件，而是直接在数据流中检测病毒，实现高速在线检测，实时阻断新近流行危害度最大的各种网络病毒。

（4）URL 过滤

产品内置庞大的 URL 分类库，库中收纳包括恶意网站、违反国家法规与政策的网站、潜在不安全的网站、浪费带宽网站、聊天与论坛网站、行业分类网站和计算机技术相关网站等。能够统计分析内网用户的上网行为，限制对恶意网站或者潜在不安全站点的访问，通过与应用管控功能相结合，可以制定有效的管理策略，实现内网用户的上网行为管理。

（5）无线攻击防御

提供无线网络边界入侵防御功能。针对引起无线信息安全的 Ad-hoc、私接 AP、非法外连、无线钓鱼、无线代理等无线攻击做到有效防护，可同时提供有线网络边界、无线网络边界的攻击防御能力。

5.5　东软 NetEye 入侵防御系统

5.5.1　产品简介

为了解决 Web 应用安全、邮件服务器安全、数据库应用安全、蠕虫防护等难题，东软推出了基于多核处理器架构的高性能入侵防御系统 NetEye IPS，它拥有协议级分析和攻击防御能力，采用协议异常、漏洞特征、攻击特征和统计特征等多种方法来定义攻击检测防御规则，同时规则库可以不断更新和升级，提供开放的攻击描述语言平台以便用户或第三方根据具体应用环境编写定制化规则，广泛适用于各行业关键应用服务器和内网的安全防护。

5.5.2　关键技术

（1）独特的"应用净化"技术

为高效保护 Web 等应用的安全，NetEye IPS 采用了一项独特的"应用净化"

技术，也是 NetEye IPS 与其他 IPS 产品相比最为明显的技术优势之一。传统 IPS 的关注点在于"什么是攻击"，即检测网络中有哪些流量是攻击、异常或误用，并将其拦截下来。由于绝大多数情况下，攻击流量只占正常流量的较小比率，而且攻击层出不穷，因此传统 IPS 的漏报率较高，对网络性能也有一定的影响。而 NetEye IPS 中采用的"应用净化"技术的关注点在于"什么是正常应用"，即只有确认是遵循标准协议并且符合特定应用环境安全策略的流量才能通过 NetEye IPS，这一措施极大地增强了应用的安全性，并大幅提高了 IPS 的性能。

（2）基于漏洞特征定义攻击检测防御规则的能力

当一个漏洞被公布后，针对这个漏洞的攻击及其变种会不断出现，因而完全基于攻击特征来测试防御黑客入侵无疑费时费力，而且会处于防不胜防的尴尬境地。NetEye IPS 具有基于漏洞特征定义攻击检测防御规则的能力，无论攻击者利用漏洞开发了多少种攻击工具和攻击方法，只需一条规则就可以有效地阻断，包括那些尚未出现的攻击方法。

（3）用户自定义规则和行业定制化规则的能力

以 Web 应用为例，用户可以与东软的工程师一起，针对自己的应用环境特点，通过在规则中引入应用环境相关的信息，开发出定制化的 NEL 规则，增强其适应性和准确性，更好地抵御各类缓冲区溢出、SQL 注入、URL 攻击等。东软对电信、社保、电子政务、金融、电力、教育等行业应用的深刻理解和在行业解决方案领域深厚的技术积淀无疑对于定制化规则的开发大有裨益。

（4）用户上网行为管理

对互联网上流行的上网行为进行监控和管理，这样就可以使网络管理员了解、监控、管理内网 80%以上的流量，包括网络游戏、网络游戏对战平台、股票客户端软件、P2P 下载工具、网络电视等。

（5）应用层 DoS/DDoS 攻击防御能力

NetEye IPS 具有基于攻击特征和统计特征来定义攻击检测防御规则的能力，因而可以有效防御针对 Web 服务器、DNS 服务器、SMTP 服务器等关键服务器发起的应用层 DoS 和 DDoS 攻击。

（6）虚拟 IPS 系统划分能力

NetEye IPS 可以被逻辑地划分为多个虚拟 IPS，每一个虚拟 IPS 都拥有自己的规则策略，满足了不同的网络环境和安全需求，真正实现了不同虚拟 IPS 应用不同的攻击防御策略集。

（7）应用层协议内容恢复能力

NetEye IPS 支持应用层协议内容恢复功能，它能够完整记录符合条件的、有内容的应用协议的会话过程与会话内容，并能将其回放。此功能可用于监控内部网络中的用户是否滥用网络资源、记录攻击者的攻击过程、发现未知的攻击等。可对 HTTP、FTP、POP3、SMTP、TELNET、NNTP、MSN、IMAP、DNS、YAHOO、Rlogin、Rsh 十二种常见的应用协议进行恢复。

（8）网络探测能力

使用 NetEye IPS 网络探测功能可以通过对网络中的主机进行 ICMP、NETBIOS、SNMP 和端口扫描、获取共享资源和用户列表等操作，并主动发现存在的安全隐患，进而增强网络安全的监控，更有效地协助网络管理员了解内网的实时运行状况。

（9）无缝部署能力

在已建成的网络及建设中的网络里，都可以轻松地将 NetEye IPS 嵌入任何部分，并不会对网络的拓扑、应用运行等带来任何影响。

（10）高性能多核处理架构

NetEye IPS 采用具有强大计算能力的多核计算平台，保证其性能满足网络环境和应用的要求。IPS 要进行大量的协议分析和入侵检测防御的计算，计算量和计算复杂度远远大于传统的防火墙，因此 IPS 对硬件平台的处理器性能要求非常之高。NetEye IPS 采用了多核处理器技术，在一个处理器上集成两个或多个核心计算单元，每个核心拥有独立的指令集、执行单元，多个核心可以实现真正的并行处理模式。这样，一颗多核 CPU 就可以提供接近传统 2、4、8 颗CPU 的处理性能。与此同时，NetEye IPS 的硬件平台还支持多 CPU 架构，进一步提升了 IPS 的处理性能，完全可以满足千兆网络环境的部署要求。

5.5.3　产品主要功能

NetEye IPS 目前具有四大主要功能：攻击防御、集中管理、实时监控和网络审计。

（1）攻击防御

NetEye IPS 目前可以检测到 3300 多种常见的攻击与入侵行为，能够对当今较流行的视频平台、通信平台、游戏平台、股票客户端和 P2P 协议等进行有效的监测和动态防御，并对实时检测到的网络流量进行及时的分析和响应。

（2）集中管理

NetEye IPS 目前提供了集中管理和多级管理功能，非常适合拥有多台监控主机并需要集中管理的用户。通过此功能可以集中管理多个子监控主机及子管理节点，并可以对子监控主机和子管理节点进行升级和安全策略下发。

（3）实时监控

NetEye IPS 目前可以实时监视网络连接状态、数据流量和网络信息，并提供自定义数据捕捉工具，可以根据用户需求监控符合各种条件的流量数据包。

（4）网络审计

NetEye IPS 目前支持对攻击检测、内容恢复、网络流量等操作进行实时审计和分析，并可以对产生的事件生成统计图表、报表，通过图表数据直观地查看和分析网络信息的统计结果。

5.6　启明星辰 NGIPS8000-A 入侵防御系统

5.6.1　产品简介

天清入侵防御系统是启明星辰公司自行研制开发的入侵防御类安全产品，通过对网络中深层攻击行为进行准确的分析判断，在判定为攻击行为后立即予以阻断，主动而有效地保护网络的安全。

除了入侵防御功能以外，天清入侵防御系统 NGIPS 系列（以下简称天清 NGIPS）还集防火墙、防病毒（可选模块）、无线安全（可选模块）、抗拒绝服务攻击（Anti-DoS）、高级威胁检测和防护（可选模块）、NetFlow 等多种安全技术于一身，同时全面支持高可用性（HA）、日志审计等功能，为网络提供全面实时的安全防护。

天清 NGIPS 系列产品线丰富，可以为政府、教育、金融、企业、能源、运营商等用户提供所需要的全系列的安全防护产品。

天清 NGIPS8000-A 是目前启明星辰 IPS 中性能最高的一款，2U 上架设备，1 个 RJ-45 Console 口，2 个 10/100/1000 Base-T 带外管理口，8 个网络接口板扩展槽位，可选配千兆和万兆接口板，2 个 USB 口，内置 1TB 存储空间，双交流冗余电源。

5.6.2 产品组成

天清 NGIPS 主要由以下几部分组成：NGIPS 引擎、天清集中管理与数据分析中心。

NGIPS 引擎：部署在网络出口，融合多种安全能力，针对恶意攻击、非法活动和网络资源滥用等威胁，实现精确防控的高可靠、高性能、易管理的入侵防御设备。

天清集中管理与数据分析中心：主要功能分为集中管理功能与数据分析功能，集中管理是对 NGIPS 系列产品的集中管理、统一监控和升级中心，通过它可以集中配置、监控和管理所管辖的多台 NGIPS 产品，并按照一定的规则组织成层次结构，方便管理员对于整网 NGIPS 设备的监控维护工作；数据分析中心是 NGIPS 产品海量信息的后台处理中心，主要完成 NGIPS 产品日志信息的存储、分析、审计和处理功能。

5.6.3 产品特点

天清 NGIPS 系列产品具有如下特点：

（1）高性能专用硬件架构

➤ 采用全新多核硬件平台，搭配启明星辰自主研发的安全操作系统，提供更加高效稳定的入侵防御处理性能，为用户在线业务提供可靠保障。

（2）全面的部署能力

➤ 旁路、串行和混合部署能力；

➤ 端口聚合；

➤ 静态路由、ISP 路由、策略路由、OSPF 路由。

（3）领先的威胁防御能力

➢ 完善的攻击特征库，覆盖常见攻击类型；

➢ 功能强大的入侵特征自定义功能，支持超过 25 种协议及数百个协议变量，可灵活扩展防御能力；

➢ 专业攻防研究及产品实践团队，保证入侵防御一流的响应速度，已实现了多个重大、紧急漏洞率先防护，可关注新浪蓝 V 认证微博"启明星辰事件发布"，获取最新安全事件信息；

➢ 高级威胁检测与防御，具备恶意代码静态检测功能，支持与采用虚拟执行技术的动态检测引擎协同分析，配合专业的 APT 响应服务，为用户提供完整的 APT 检测及防御解决方案。

（4）双引擎高效病毒防护

➢ 双病毒引擎，可查杀文件病毒、宏病毒、脚本病毒、蠕虫、木马、恶意软件、灰色软件，病毒库覆盖全面，每周更新；

➢ 入侵防御同时加载防病毒功能，性能衰减小。

（5）全面的应用过滤功能

➢ 邮件过滤：可基于 IP、收发人、主题及内容进行邮件精确过滤；

➢ Web 过滤：除了基础的黑白名单及网页恶意代码过滤功能外，还集成业界最先进的 URL 分类过滤技术，采用创新的"数据云"模式，超过 1 亿条相关 URL，确保过滤的准确性和覆盖性，为用户提供零时保障；

➢ 敏感信息防护：为加强对网络内部人员的敏感信息主动泄漏行为，基于天清强大的应用识别能力，对邮件、微博、论坛、云盘等上传信息进行监控，基于关键字、正则表达式和文件指纹识别技术，对敏感信息进行识别和防护。

（6）精确的抗 DoS 攻击和抗扫描能力

➤ 采用特征控制和异常控制相结合的手段，有效保障抗拒绝服务攻击的准
确性和全面性，阻断绝大多数的 DoS 攻击行为；

➤ 除支持系统扫描识别和防御外，还支持对 Web 扫描的识别和防御，能够
支持爬虫扫描、CGI 扫描和漏洞扫描防护。

（7）完善的 P2P、IM、流媒体、网络游戏和股票软件控制能力

➤ P2P 控制：对 Emule、BitTorrent、Maze、Kazaa 等进行阻断、限速；

➤ IM 控制：基于黑白名单的 IM 登录控制、文件传输阻止、查毒，支持主
流 IM 软件如 QQ、MSN、雅虎通、Gtalk、Skype；

➤ 流媒体控制：对流媒体应用进行阻断或限速，支持 Kamun ppfilm、PPLive、
PPStream、QQ 直播、TVAnts、沸点网络电视、猫扑播霸等；

➤ 网络游戏控制：对常见网络游戏如魔兽世界、征途、QQ 游戏大厅、联
众游戏大厅等的阻断；

➤ 股票软件控制：对常用股票软件如同花顺、大参考、大智慧等的阻断。

（8）方便的集中管理功能

➤ 通过集中管理与数据分析中心实现对多台设备的统一管理、实时监控、
集中升级和拓扑展示。

参 考 文 献

[1] 艾磊，陈文. 一种异步日志记录的入侵防御系统的设计与实现. 计算机安全，2014.

[2] 刘伟，李泉林，等. 一种入侵防御系统性能分析方法. 信息网络安全，2015.

[3] 王伟，王嘉珺，等. 基于时空动态性的 MAN ETs 入侵防御模型. 计算机应用研究，2016.

[4] 龚俭，金磊. 基于 SDN 技术的网络入侵阻断系统设计. 华中科技大学学报，2016.

[5] 王芳，王勇，等. 基于 Pastry 的可信 Web 入侵防御系统. 计算机工程与设计，2014.

[6] 李艺颖，邓皓文，等. 基于机器学习和 NetFPGA 的智能高速入侵防御系统. 信息网络安全，2014.

[7] 西安交大捷普网络科技有限公司. 捷普入侵防御体安全解决方案. 计算机安全，2014.

[8] 杨一涛，贾雪松，等. 一种面向 SDN 的入侵防御系统和方法. 发明专利，2015.

[9] 石岩，梁力文. 报文攻击检测方法以及装置. 发明专利，2015.

[10] 王引娜. 一种基于云计算环境下的智能安全防护系统及其防护方法. 发明专利，2015.